WFT

Werkstoff-Forschung und -Technik
Herausgegeben von B. Ilschner
Band 7

R. Prümmer

Explosivverdichtung pulvriger Substanzen

Grundlagen, Verfahren, Ergebnisse

Mit 64 Abbildungen

Springer-Verlag Berlin Heidelberg NewYork
London Paris Tokyo 1987

Dr.-Ing. habil. Rolf Prümmer
Privatdozent, Mitarbeiter am Fraunhofer-Institut für Werkstoffmechanik, Freiburg

Dr. rer. nat. Bernhard Ilschner
o. Professor, Laboratoire de Métallurgie Mécanique
École Polytechnique Fédérale de Lausanne/Schweiz

CIP-Kurztitelaufnahme der Deutschen Bibliothek:
Prümmer, Rolf:
Explosivverdichtung pulvriger Substanzen: Grundlagen, Verfahren, Ergebnisse/R. Prümmer.
– Berlin; Heidelberg; New York; London; Paris; Tokyo: Springer, 1987.
(Werkstoff-Forschung und -Technik; Bd. 7)
ISBN-13: 978-3-540-17029-7

NE: GT

ISBN-13: 978-3-540-17029-7 e-ISBN-13: 978-3-642-82903-1
DOI: 10.1007/978-3-642-82903-1

Datenerfassung: Mit einem System der Springer Produktions-Gesellschaft, Berlin;
Datenkonvertierung: Brühlsche Universitätsdruckerei, Gießen;

2362/3020-543210

Geleitwort des Herausgebers

Die heutige, immer mehr durch Forschungsergebnisse gestützte und angeregte Werkstofftechnik stellt einen engen Zusammenhang zwischen Werkstoffen mit besonderen Eigenschaften einerseits sowie den Verfahren zu ihrer Fertigung und Verarbeitung andererseits her. Diese beiden Gesichtspunkte treten auch im Programm der Reihe „Werkstoff-Forschung und -Technik" hervor. So wird mit vorliegendem Band eine zweifellos ungewöhnliche, aber doch sehr interessante Technologie vorgestellt: die Kompaktierung von Metallpulvern durch Explosionswirkung, welche hinsichtlich des zeitlichen Ablaufs und der Richtung ihrer Druckwellen kontrolliert und zunehmend auch vorausberechnet wird. Hier haben sich, wie dieses Buch zeigt, bereits sehr interessante und innovative Ergebnisse bei der Verdichtung von Pulvern ergeben, die bislang als nicht verarbeitbar galten. Dabei muß die naheliegende Frage der Wirtschaftlichkeit auch unter dem Gesichtspunkt des Fortfalls teurer Formgebungsmaschinen und der Einsparungen an Wärme für langwierige Sinterprozesse gesehen werden. Neue Entwicklungen und Anwendungen sind abzusehen: Ist nicht z. B. der Einsatz zum Nachverdichten anspruchsvoller Guß- und Sinterteile, d. h. als eine schnelle Alternative zum isostatischen Heißpressen, denkbar? Das Explosivschweißen und das Sprengplattieren sind ohnehin erprobte Verfahren.

Der Autor dieses Buches ist aufgrund seiner langjährigen eigenen Untersuchungen einer der besten Kenner dieses Spezialgebietes. Er hat die Verfahren und ihre wissenschaftlichen Grundlagen erstmalig in Buchform zusammengefaßt und eine klare und überzeugende Darstellung gegeben. Herausgeber und Verlag hoffen, daß der vorliegende Band von „WFT" einen Beitrag zur Innovation im Bereich der Werkstofftechnik leistet, indem er das interessante Verfahren der Explosivverdichtung weiter bekannt macht und Anregungen für neue Entwicklungen vermittelt.

Lausanne, im Dezember 1986 B. Ilschner

Geleitwort des Herausgebers

[illegible]

Vorwort

Explosivstoffe werden vielfach – und voreilig – nur mit militärischen Anwendungen in Zusammenhang gebracht, obwohl sie durchaus zu friedlichen Zwecken eingesetzt werden, wie z. B. im Tunnel- oder Bergbau. In den vergangenen Jahrzehnten haben sich zusätzliche technische Anwendungen ergeben. Einen besonders starken Kontrast zu der durch Alfred Nobel zum großen Thema gewordenen Steinbruchtechnik – also einem Trennverfahren – stellt die Anwendung in der Fügetechnik, das Explosivschweißen, dar.

In diese Kategorie gehört auch das Explosivverdichten pulvermetallurgisch hergestellter Preßkörper. Mit dieser Verfahrenstechnik lassen sich Formkörper auch aus neuartigen Werkstoffen herstellen, die bislang z. B. wegen ihrer Sprödigkeit als nicht verarbeitbar galten. Für die Weiterentwicklung des Verfahrens ist von Bedeutung, daß Explosivstoffe in ihrer Handhabung zunehmend sicherer geworden sind und der Investitionsaufwand vergleichweise gering ist. Ferner dürfte die zunehmende Berechenbarkeit des Ablaufs und der Auswirkungen von Detonationen aufgrund der Fortschritte der numerischen Mathematik den Einsatz dieser Technologie sehr fördern. Ihre Grenzen liegen vor allem in der Umweltbelastung durch die Druckwelle selbst und durch die entstehenden gasförmigen Reaktionsprodukte.

Unter den in neuerer Zeit bekannt gewordenen Verfahren weist das Explosivverdichten den größten innovativen Charakter auf. Es schien deshalb angebracht, die Aktivitäten auf diesem Gebiet in dem vorliegenden Buch zusammenzufassen. Enthalten sind eigene, zum Teil noch nicht veröffentlichte Arbeiten, die während meiner Tätigkeit in der Fraunhofer-Gesellschaft seit 1970 entstanden sind. Andererseits sind Ergebnisse wichtiger Forschungsgruppen im Ausland berücksichtigt, insbesondere in den USA, der UdSSR und in Japan. Meinen Fachkollegen, denen ich vorwiegend auf internationalen Tagungen, insbesondere der HERF-Tagung (High Energy Rate Forming Conference) begegnete, danke ich für wertvolle Diskussionen. Nur der internationale Erfahrungsaustausch war es, welcher mich in die Lage versetzte, in einigen Kapiteln kritisch zusammenzufassen.

Die Darstellung des Buches soll dem Neuling die Möglichkeiten des Explosivverdichtens und dem Experten den innovativen Charakter dieses reizvollen Forschungsgebietes vermitteln. Der Verdichtungsvorgang per se wird in seinen komplizierten physikalischen und metallkundlichen Zusammenhängen abgehandelt. Darüber hinaus wird auch eingegangen auf die durch eine Explosivverdichtung erst ermöglichte und entwicklungstechnisch bedeutungsvolle Synthese neuer Werkstoffe und Werkstoffzustände.

Bei der Gestaltung des Buchmanuskriptes waren anregende Gespräche und wertvolle Ratschläge hilfreich, wofür ich an dieser Stelle besonders den Herren Professoren Macherauch und Thümmler danken möchte. Für eine Vielzahl von Experimenten haben die Herren Sprengmeister Müller, Mühlich und Kugel in dankenswerter Weise zur Verfügung gestanden.

Freiburg, im Dezember 1986 R. Prümmer

Inhaltsverzeichnis

1 Einleitung

Das Verpressen von Pulvern und porösen Substanzen ist ein Verfahrensschritt in der Pulvermetallurgie und in der keramischen Industrie. Es werden Formkörper erzielt, welche nach einer anschließenden Wärmebehandlung unterhalb der Schmelztemperatur, dem Sintern, mehr oder weniger ihre Restporosität verlieren und damit ausreichende Festigkeitswerte erlangen. So werden die hochschmelzenden Metalle Wolfram, Molybdän und Tantal sowie die reaktiven Metalle Titan, Zirkonium und Hafnium weitgehend nach dem Sinterverfahren gefertigt. Sonderkeramische Werkstoffe wie Oxide, Karbide, Nitride und Boride bzw. deren Mischungen auch mit Metallpulvern, werden nahezu ausschließlich auf pulvermetallurgischem Wege hergestellt.

Die Nachteile der Schmelzmetallurgie, das Auftreten von Gefügefehlern wie Gußlunker, Seigerungen und Grobkornbildung können in der Pulvermetallurgie vermieden werden. Homogene Gefügezustände, die beim Verdüsen von Metallschmelzen zu Pulvern entstehen, führen nach dem Verpressen und Sintern zu Formkörpern nicht nur mit homogenen und isotropen Gefügezuständen, sondern auch mit verbesserten mechanischen Eigenschaften.

Neben den bekannten Verfahren, wie dem Pressen in einer Matrize, dem hydrostatischen Pressen, dem Heißpressen und dem heißisostatischen Pressen (HIP) ist das explosive Pulverpressen weniger bekannt.

In der vorliegenden Arbeit werden die Grundprinzipien des explosiven Pulverpressens beschrieben. Dabei wird vor allem auf das Direktverfahren des Explosivverdichtens eingegangen, das sich dadurch auszeichnet, daß der von Explosivstoffen entwickelte Detonationsdruck direkt auf das Pulver einwirkt. Beim explosiven Pulververdichten ist eine sich im Pulver mit hoher Geschwindigkeit ausbreitende Stoßwelle die örtliche und zeitliche Grenze zwischen Pulver und verdichtetem Material. Die entscheidenden Parameter, wie Art und Menge des anzuwendenden Explosivstoffes, werden untersucht.

Die in der Regel bei der detonativen Umsetzung von Explosivstoffen entstehenden sehr hohen Drücke führen zu Preßlingen mit nahezu 100 % der theoretischen Dichte.

Ein weiteres Merkmal des Verfahrens ist ferner, daß gleichzeitig hohe Energiebeträge in den Preßling eingebracht werden. Gegenüber den statischen Verfahren der Pulververdichtung besteht somit beim Explosivverdichten die Möglichkeit, den Sinterprozess zu aktivieren oder bei einer Reihe von Pulvertypen durch vorübergehend auftretende lokale Aufschmelzungen der Oberflächenbereiche der Pulverteilchen einen Preßling zu erzielen, bei dem sich eine nachträgliche Sinterbehandlung erübrigt und dessen mechanische Eigenschaften denen eines gesinterten Körpers sogar überlegen sind.

Auch das reaktive Pressen von Pulvergemischen und die Herstellung von Hochdruckphasen bestimmter Werkstoffe durch die Einwirkung hoher dynamischer Drücke auf Pulver der reinen Substanzen oder Gemische ist möglich. Hierzu werden Beispiele aufgezeigt.

Der Beschreibung des eigentlichen Explosivpressens geht eine kurze Übersicht über die sonst gebräuchlichen in den letzten Jahrzehnten entwickelten Verfahren der explosiven Werkstoffbearbeitung voraus. Die im Zusammenhang mit dem Explosivverdichten wichtigsten Gesetzmäßigkeiten der Erzeugung und des Ausbreitungsverhaltens von Stoßwellen sowie deren Wirkung auf Materie werden erläutert.

2 Bekannte Verfahren der technischen Anwendung von Explosivstoffen

Die Anwendung von Explosivstoffen verlangt die Kenntnis des Verhaltens der verschiedenen Explosivstoffe in unterschiedlichen Anordnungen. In diesem Kapitel werden die zur Zeit gebräuchlichen Verfahren der zivilen Anwendung von Explosivstoffen beschrieben, ohne auf Einzelheiten einzugehen. Es sei auf die entsprechende Fachliteratur hingewiesen.

2.1 Historischer Überblick

Explosivstoffe werden üblicherweise immer mit Kriegsführung, d.h. destruktiver Anwendung in Zusammenhang gebracht. Derartige Anwendungen gehen zurück bis in die vorchristliche Zeit. Ein ausführlicher Literaturhinweis findet sich erstmals bei einem chinesischen Schriftsteller, der die Belagerung einer Stadt durch die Mongolen im Jahre 1232 unter Verwendung von Apparaten beschreibt, mit denen „himmelerschütternder Donner“ und „zerschmetternde Wirkungen“ erzeugt werden können. Die erste Verwendung ähnlicher Pulvermischungen als Treibmittel geht auf den Mönch Berthold Schwarz (1) aus Freiburg zurück, der im 13. Jahrhundert feststellte, daß man aus einem einseitig verschlossenen Rohr mit Hilfe des nach ihm benannten Schwarzpulvers eine Kugel heraustreiben kann. Eine ausführliche Zusammenstellung der mittelalterlichen Herstellungsmethoden von Schwarzpulver wurde z.B. von E.Gray (2) veröffentlicht.

Erst mit der Entdeckung der Nitrozellulose (Ch.Schönbein 1845) und des Nitroglycerins (H.Sobrero 1867) und deren Kombination durch A.Nobel im Jahre 1888 erlangten die Explosivstoffe ihre eigentliche Bedeutung. A.Nobel war es auch, der 1867 den erschütterungssicheren Sprengstoff Dynamit und eine sichere Zündung für Nitroglycerin entwickelte und damit eine rasche Verbreitung der Anwendung von Explosivstoffen ermöglichte.

Die Anwendungen von Explosivstoffen im Bergbau reichen von den ersten Bergsprengungen wie z.B. von M.Weigel im Jahre 1613 bis zu Großsprengungen wie z.B. der Zündung einer Ladungsmenge von 900 Tonnen zur Sprengung von 3 000 000 Tonnen Fels im Jahre 1957 im Staate Utah, um die Führung der Southern Pacific Railroad durch den Großen Salz-See zu ermöglichen.

Die erste konstruktive Anwendung war das Prägen von Metallplatten mittels einer aufgelegten Explosivladung durch C.Munroe im Jahre 1888 (3). Verschiedene Methoden erlangten nur vorübergehende Bedeutung, wie z.B. der Sprengniet. Hierbei war die Bohrung eines Hohlnietes mit Explosivstoff gefüllt. Entweder durch Erhitzen auf ca. 150 °C oder durch Schlageinwirkung zündete dieser und eine Verbindung kam zustande (4). 1937 wurden Schalensitze für Flugzeuge durch Explosivumformen von Aluminiumplatten hergestellt.

Ihren eigentlichen Aufschwung erlebten die im folgenden geschilderten Fertigungsverfahren erst in den 60er Jahren mit dem großen Bedarf der rasch expandierenden Luft- und Raumfahrtindustrie. Hierbei erlangten die insbesondere für militärische Zwecke erarbeiteten Kenntnisse über die Vorgänge bei der Detonation von Explosivstoffen ihre Geltung.

2.2 Explosivumformen

Das Explosivumformen wird im wesentlichen für einfache Umformvorgänge eingesetzt, wie das Herstellen von Böden für Behälter, das Aufweiten von Rohren und das Kalibrieren von vorgefertigten Teilen. Eine typische Anordnung ist in Abb. 2.1 wiedergegeben. In einem Wasserbehälter befindet sich ein Gesenk, das umzuformende Blech und eine Sprengladung. Der Raum zwischen Werkstück und Gesenk ist evakuiert. Die Zündung der Ladung erzeugt eine Stoßwelle im Wasser, die beim Auftreffen auf das Werkstück dieses momentan auf eine hohe Geschwindigkeit beschleunigt und in das Gesenk drückt. Ohne eine Evakuierung des Raumes zwischen Werkstück und Gesenk würde die adiabatische Kompression der dazwischen liegenden Luft zu Brandflecken an den Metallteilen führen. Das Explosivumformen ist insbesondere dort angebracht (5–7), wo geringe Stückzahlen und Teile mit großen Abmessungen zu fertigen sind. Konventionelle Umformverfahren würden vergleichsweise sehr hohe Kosten für die Gesenke erfordern. In Abb. 2.2 zum Beispiel ist ein durch Explosivumformung hergestellter Behälterboden von rd. 5 m Durchmesser und

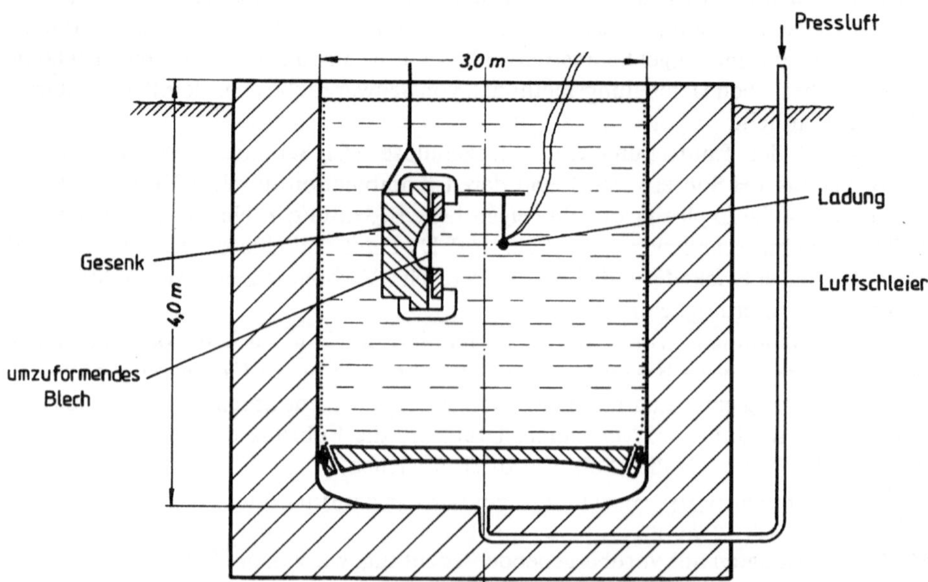

Abb. 2.1. Anordnung zum Exposivumformen einer Blechronde zur Halbkugel

Abb. 2.2. Explosiv geformter Behälterboden von 5 m Durchmesser und 10 mm Wandstärke, aus HII-Stahl

10 mm Wandstärke gezeigt. Für die Entwicklung des Explosivumformens waren die Kenntnisse über die Wirkung von Unterwasserdetonationen auf Schiffskörper von Bedeutung (8–13). Dabei kamen anfangs Explosivstoffe mit hoher Detonationsgeschwindigkeit zum Einsatz, bevor man erkannte, daß solche mit niedriger Detonationsgeschwindigkeit und mehr schiebenden Eigenschaften vorteilhafter sind.

2.3 Explosivschweißen

Während der Ausführung bestimmter Explosivumformungen wurde 1957 beobachtet, daß das umzuformende Blech gelegentlich mit dem Gesenk eine metallische Bindung eingeht (14). Voraussetzung dafür ist, daß überschüssige kinetische Energie des Bleches zu einer derartigen Kollision mit dem Gesenk führt, so daß eine Schweißung zustandekommt (15,16). Die notwendige Bedingung hierfür ist eine Kollision zweier Metallplatten unter flachem Winkel mit einer minimalen Geschwindigkeit (17), die zu einem hydrodynamischen Fließen des Materials unter hohem Kollisionsdruck und damit zur Ausbildung einer Bindezone führt.

Eine schematische Anordnung zur Durchführung einer Explosivschweißung zeigt Abb. 2.3. Eine Metallplatte (Flugplatte) wird mittels einer detonierenden Flächenla-

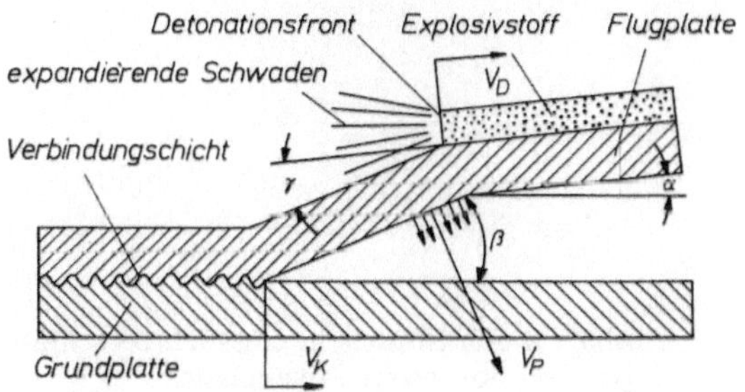

Abb. 2.3. Anordnung zum Exposivschweißen (schematisch) (18)

dung auf eine bestimmte Geschwindigkeit beschleunigt und mit einer Grundplatte zur Kollision gebracht. Die Kollisionsbedingungen sind außer von der Art der zu verschweißenden Werkstoffe auch von deren Härte (Verfestigungszustand) abhängig. Hierbei war die Entwicklung eines „Schweißfensters“ (explosive weldability window) (19,20) für die Praxis des Explosivschweißens sehr hilfreich. Niedrige Werte der Kollisionsgeschwindigkeit v_K, d.h. die Anwendung von Explosivstoffen mit relativ kleinen Detonationsgeschwindigkeiten, führen zu größerer Sicherheit bei der Fertigung.

Das Explosivschweißen wird vielfältig angewandt bei der Herstellung von plattierten Werkstoffen für den chemischen Apparatebau, das Verschweißen von Rohren und bei der Herstellung von Kontaktwerkstoffen für die Elektrotechnik (21–23). Außer Verbundblechen werden auch faserverstärkte Verbundwerkstoffe durch Explosivschweißens gefertigt (24). Es sind praktisch alle metallenen Materialkombinationen durch Explosivschweißen herstellbar. Da es sich beim Explosivschweißen um einen „Kaltschweißprozess“ handelt, sind auch solche Werkstoffkombinationen schweißbar, die beim Schmelzschweißen wegen der Bildung intermetallischer Phasen keine feste Bindung zulassen, wie zum Beispiel Verbindungen von Aluminium mit Kupfer oder mit Eisenwerkstoffen (18).

2.4 Explosivschneiden

Das Verfahren des explosiven Schneidens macht Gebrauch von einem flüssigen Metallstrahl, der bei der mit hoher Geschwindigkeit erfolgenden schrägen Kollision zweier Metallplatten entsteht und seinerseits höchste Geschwindigkeiten aufweist. Abb. 2.4 veranschaulicht diese Verhältnisse anhand zweier Metallplatten, die mit der Geschwindigkeit v_p unter dem Öffnungswinkel 2β symmetrisch miteinander kollidieren (25).

Ist die Geschwindigkeit, mit der sich der Kollisionspunkt S nach rechts bewegt, kleiner als die Schallgeschwindigkeit des betreffenden Materials, entsteht ein sog. „Jet , ein Strahl flüssigen Metalles mit hoher Geschwindigkeit. Seine Masse beträgt

$$m_j = \frac{m}{2}(1 - \cos\beta) \tag{2.1}$$

und seine Geschwindigkeit ist

$$v_j = \frac{v_p}{\sin\beta}(1 + \cos\beta). \tag{2.2}$$

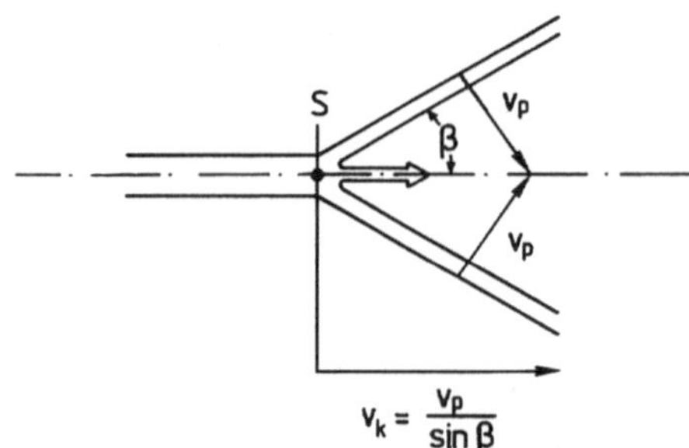

Abb. 2.4. Zur Entstehung eines Jets bei schräger Kollision zweier Metallplatten

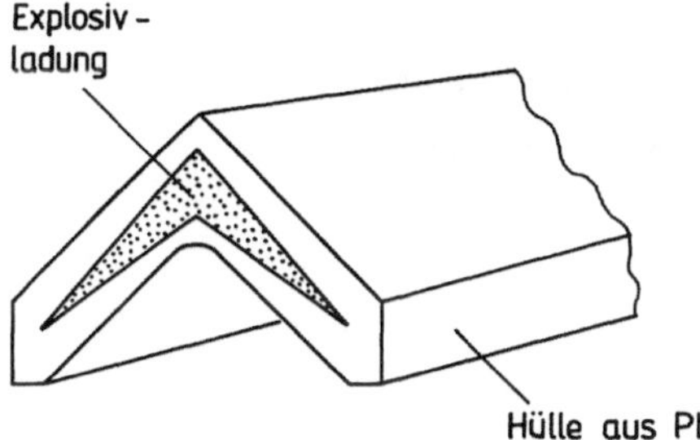

Abb. 2.5. Geformte Ladung zum explosiven Schneiden von Metallplatten

Kollidieren z.B. zwei Metallplatten von 5 mm Dicke mit $v_p = 500$ m/s unter einem Winkel von $\beta = 15°$ miteinander, so geht jeweils ein Anteil von 0,085 mm der Plattendicke in den Strahl, der eine Geschwindigkeit von 3800 m/s aufweist. Ein Strahl derart hoher Geschwindigkeit erzeugt im Zielmaterial einen äußerst hohen Kollisionsdruck, so daß im Auftreffpunkt hydrodynamisches Fließen einsetzt. Auf diese Weise ist das Schneiden dicker und hochfester Metallplatten möglich.

Für die Praxis des Explosivschneidens sind konfektionierte Ladungen als Band im Handel erhältlich. Abb. 2.5 zeigt eine solche flexible Ladung, bestehend aus einem Kern aus Explosivstoff mit Bleiummantelung. Sie kann am Objekt mittels Selbstklebefolie angebracht werden und ist dann geeignet, Materialien selbst in solchen Fällen zu trennen, wo konventionelle Schneidverfahren nicht praktizierbar sind. So wurden z.B. Raketenstufen getrennt (26). Die hohe Schnittiefe, welche mit solchen Ladungen erreichbar ist, ermöglicht sogar die Zerteilung von dickwandigen Druckbehältern beim Abwracken von Atomkraftwerken (27).

2.5 Explosivhärten

Bei direktem Kontakt von Metalloberflächen mit Explosivstoffen kann durch die Detonation eine beachtliche Steigerung der Härte der betroffenen Oberflächenschichten erzielt werden. Die in den Werkstoff einlaufende Stoßwelle führt zu einer Erhöhung der Versetzungsdichte und damit zu einer Kaltverfestigung, ohne daß eine merkliche makroskopische Verformung stattfindet (28–30). Dabei lassen sich Tiefenwirkungen über mehrere Dezimeter erzielen. Da die Einleitung der Stoßwelle in den Werkstoff sehr einfach durch Auflegen einer flexiblen Schicht eines plastischen Sprengstoffes erfolgen kann, stellt das Explosivhärten eine schnelle und wirtschaftlich interessante Methode zur Steigerung der Verschleißfestigkeit von Werkstückoberflächen dar. Abb. 2.6 zeigt z.B. den Verlauf der Härte mit der Tiefe unter der Oberfläche in einem Hadfield-Stahl 120 Mn50 nach ein- bis dreimaligem Einleiten einer Stoßwelle durch eine aufgeklebte Explosivstoffolie. Von Bedeutung ist dabei, daß nach explosivem Härten eine günstigere Duktilität der gehärteten Werkstoffschichten vorliegen kann als nach konventionellem Flamm- und Induktivhärten auf denselben Härtewert. Deshalb findet das Explosivhärten vor allem Anwendung zur Behandlung von Weichenteilen und Schienenkreuzungsstücken (z.Zt. 40000 Stücke pro Jahr in der UdSSR), von Zähnen für Baggerschaufeln, Werkzeugen im Bergwerksbetrieb und

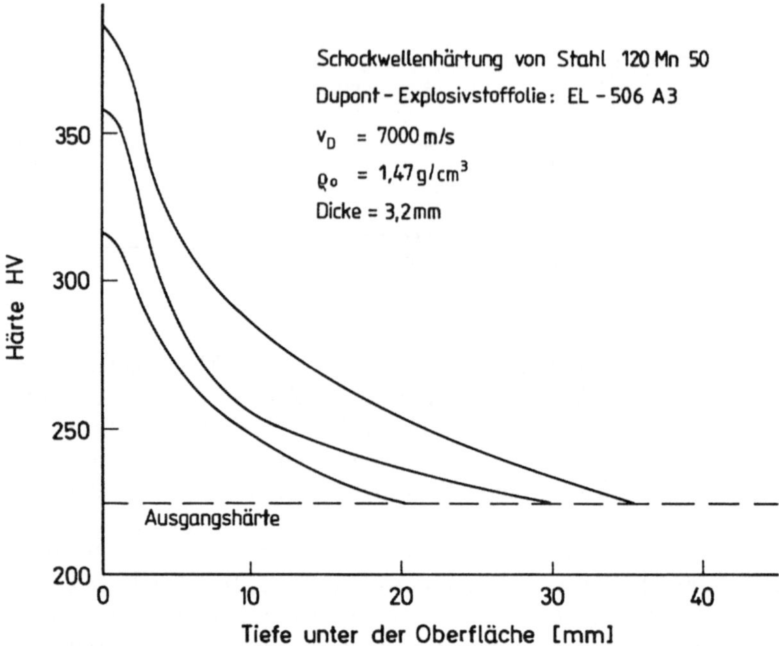

Abb. 2.6. Härteverlauf nach der Tiefe unter der Oberfläche nach ein- bis dreimaliger Einleitung einer Stoßwelle (31)

Innenflächen von Mischbehältern und Mühlen. Dabei ist auch ein partielles Härten möglich. Über die dem Explosivhärten zugrundeliegenden metallurgischen Vorgänge wird in Kap. 4.4 berichtet.

2.6 Explosivverdichten

Die moderne Technik benötigt metallische und keramische Werkstoffe, die wegen ihres hohen Schmelzpunktes und ihrer Sprödigkeit mit konventionellen schmelzmetallurgischen und umformtechnischen Methoden nicht hergestellt und bearbeitet werden können. Formteile aus solchen Sondermaterialien lassen sich nur auf pulvermetallurgischem Wege fertigen. Hierbei sind selbst den modernen Verfahren, wie zum Beispiel dem isostatischen Heißpressen, insbesondere bei größeren Abmessungen und bei der Fertigung von Serienteilen, wirtschaftliche Grenzen gesetzt. Eine Möglichkeit, solche Teile trotzdem wirtschaftlich auf pulvermetallurgischem Wege herzustellen, besteht in der Anwendung der höchste Drücke entwickelnden Explosivstoffe.

Der große Vorteil dieses Verfahrens liegt neben dem geringen apparativen Aufwand vor allem in den erreichten hohen Dichten der Preßlinge. Dadurch müßte ein Schrumpfen beim anschließenden Sintern nahezu ausbleiben. Versuche zum Explosivverdichten erfolgten deshalb relativ frühzeitig. Trotzdem sind die technischen und wirtschaftlichen Möglichkeiten des explosiven Pulverpressens bis heute noch nicht

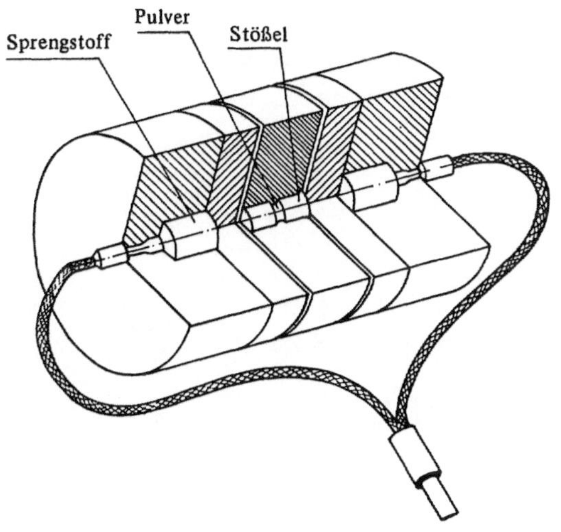

Abb. 2.7. Anordnung zum Verpressen von Pulvern nach La Rocca und Pearon (32)

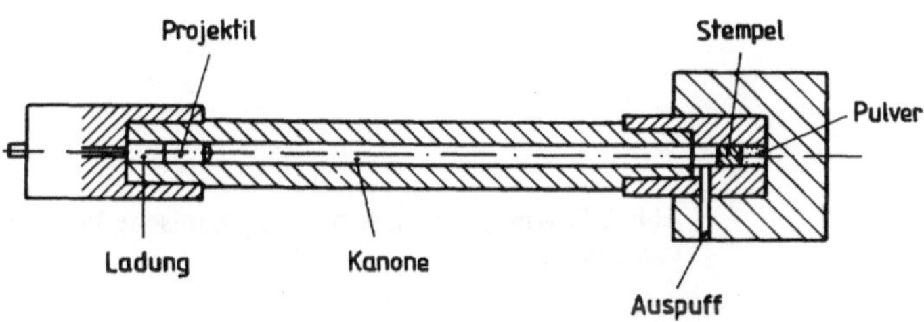

Abb. 2.8. Ballistische Presse zum Verdichten von Pulvern

ausgeschöpft. Der Grund dürften die leider notwendigen umfangreichen Parameteruntersuchungen sein, welche schnelle Erfolge hemmen.

Man unterscheidet zwischen indirekten Verfahren zum Explosivpressen und dem Direktverfahren. Beim indirekten Verfahren wird ein Stempel oder Kolben zur Druckübertragung auf das Pulver verwendet. Die erste derartige Anordnung zum Verdichten von Pulvern mit Hilfe von Explosivstoffen geht auf E.LaRocca und J.Pearson (32) zurück, die zwei mit Hilfe von Explosivstoff angetriebene Stempel in einem Zylinder gegeneinander wirken ließen. Dazwischen befand sich das zu verdichtende Metallpulver. Abb. 2.7 zeigt die Anordnung.

Eine später entwickelte Methode besteht aus einer Kanone, an deren einem Ende eine Vorrichtung angebracht ist, welche das zu verdichtende Pulver enthält. Ein im Rohr auf hohe Geschwindigkeit beschleunigtes Projektil trifft auf das Pulver auf, erzeugt einen hohen Kollisionsdruck und bewirkt dabei eine Verdichtung (vgl. Abb. 2.8). In einem geschlossenen System andererseits, wie in Abb. 2.9 gezeigt, wirkt ein mit Explosivstoff beschleunigter Kolben zunächst auf Wasser als Druckübertragungsmedium ein. Das zu verdichtende Pulver befindet sich im Wasser in einem deformierbaren Behälter (vgl. Abb. 2.9).

Allen diesen Anordnungen zur indirekten Verdichtung von Pulvern ist gemeinsam, daß massive Bauteile, die unvermeidbarem Verschleiß und Verformungen unterliegen,

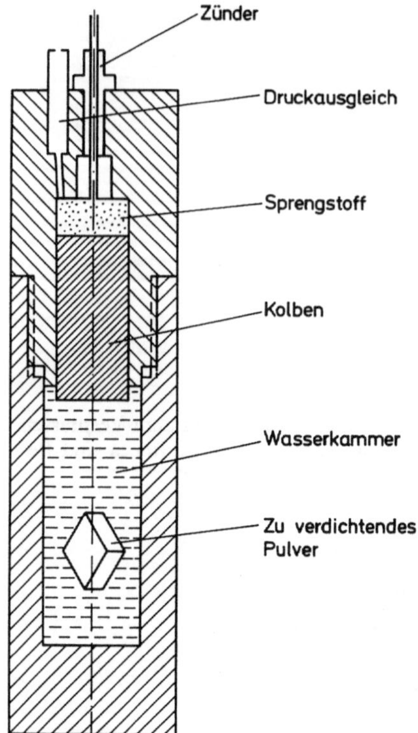

Abb. 2.9. Anlage für das hydrodynamische Pressen von Pulvern

zur Abstützung des auftretenden hohen Druckes erforderlich sind. Die erzielten Dichten der Preßlinge nehmen mit der Menge und dem entwickelten Druck der Explosivstoffe zu. Damit wird aber auch der apparative Aufwand erhöht.

Höchste Dichten bei geringstem apparativen Aufwand und in größeren Abmessungen werden aber nur dann erzielt, wenn der vom Explosivstoff nach Einleitung der Detonation entwickelte hohe Druck unmittelbar auf die Wandung des das Pulver enthaltenden Behälters einwirkt. Dieses als Direktverfahren der Explosivverdichtung bezeichnete Verfahren hat die größte Bedeutung erlangt und wird später ausführlich behandelt.

Bei dem Verfahren der explosiven Pulververdichtung sind andere Mechanismen der Verdichtung maßgebend als bei den isostatischen Verfahren. Zum Verständnis der dabei ablaufenden Vorgänge wird im nächsten Kapitel auf die Entstehung und Ausbreitung von Stoßwellen und die resultierenden Werkstoffreaktionen eingegangen.

3 Erzeugung und Ausbreitung von Stoßwellen

In der Festkörpermechanik wird angenommen, daß eine auf einen Körper an beliebiger Stelle einwirkende Kraft jedes Volumenelement dieses Körpers gleichzeitig in Bewegung setzt und zu einer der Kraft proportionalen Beschleunigung und Rotation um dessen Schwerpunkt führt. Andererseits wird in der Elastizitätstheorie ein Gleichgewichtszustand zwischen äußeren Kräften und im Festkörper auftretenden Dehnungen angenommen. Bei sehr schnell erfolgenden Krafteinwirkungen oder wenn diese nur von kurzer Dauer sind, muß eine Beschreibung der auftretenden Erscheinungen durch Stoßwellen erfolgen. Stoßwellen breiten sich in einem Medium mit hoher Geschwindigkeit aus. Tritt in der Stoßwellenfront keine bleibende Veränderung des Werkstoffzustandes ein, dann handelt es sich um elastische Wellen. Diese breiten sich annähernd mit der für den Werkstoff typischen Schallgeschwindigkeit der Longitudinalwelle aus. Plastische Wellen hingegen führen zu bleibenden Werkstoffveränderungen, welche in der Stoßwellenfront momentan hervorgerufen werden. Die Geschwindigkeit plastischer Wellen kann, abhängig von dem in der Stoßwellenfront vorliegenden Druck, kleiner oder größer als die Schallgeschwindigkeit des Mediums sein.

3.1 Erzeugung von Stoßwellen

Stoßwellen entstehen bei der Kollision von Festkörpern einerseits und bei der Detonation von Explosivstoffen, wenn diese in unmittelbarem Kontakt mit einem Medium stehen. Auf beide Erzeugungsarten soll im folgenden eingegangen werden.

3.1.1 Erzeugung von Stoßwellen durch Kollision von Festkörpern

Wenn zwei Festkörper miteinander zusammenstoßen,geht von der Berührungsfläche eine Druckwirkung aus, die sich im Medium als Druckwelle ausbreitet. Dies sei am Beispiel eines in Abb. 3.1 gezeigten Stabes der Länge l, der von einem starren Kolben unendlich großer Masse der Geschwindigkeit v_0 getroffen wird, erläutert. Der Stoßbeginn findet zum Zeitpunkt 2 statt. Die Stoßstelle ist der Ursprung einer Stoßwelle, die sich sowohl im Kolben, als auch im gestoßenen Stab im elastischen Fall mit Schallgeschwindigkeit ausbreitet. Die Materialgeschwindigkeit des gestoßenen Teils des Stabes, die Partikelgeschwindigkeit beträgt ebenfalls v_0. Erst zum Zeitpunkt 7 ist sie am anderen Ende des Stabes angelangt. In der Zwischenzeit $\Delta t = l/c$ hat der Kolben eine Strecke von $\Delta l = v_0 \cdot t = v_0 \cdot l/c$ zurückgelegt. Der Stab wurde also um die Länge Δl gekürzt; seine Kompression beträgt jetzt $\varepsilon = -\Delta l/l = -v_0/c$. Der Stab verhält sich jetzt wie eine gespannte Feder. Sein freies rechtes Ende kann entlasten, indem die

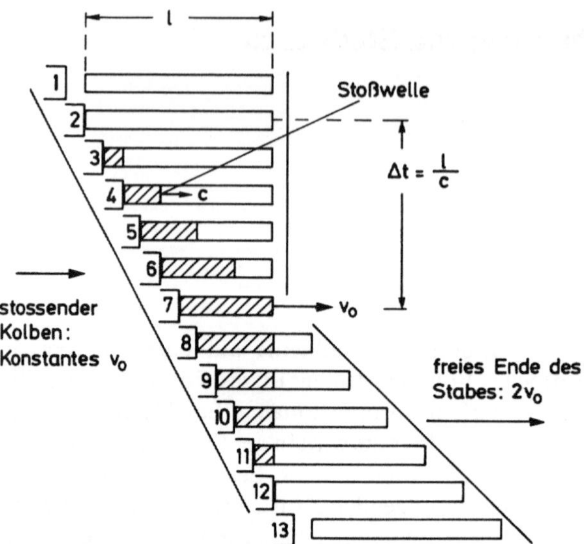

Abb. 3.1. Elastischer Stoß eines Stabes durch einen steifen Kolben unendlich großer Masse

freie Oberfläche sich mit einer Geschwindigkeit $2v_0$ nach rechts bewegt und gleichzeitig eine Entlastungswelle mit Schallgeschwindigkeit c im Stab nach links läuft. Erst wenn diese am linken Rand des Stabes ankommt, findet eine Trennung zwischen stoßendem Kolben und Stab statt. Der Stab bewegt sich jetzt als solcher der Ursprungslänge l mit der Geschwindigkeit $2v_0$ nach rechts. Die Dauer der Beschleunigungsphase (des Stoßvorganges) betrug $t = 2l/c$ und die elastische Kompression des Stabes betrug $\varepsilon = v/c$.

War das Material des Stabes Stahl (Elastizitätsmodul $E = 210000$ N/mm) und die Geschwindigkeit des stoßenden Kolbens $v_0 = 20$ m/s, dann hätte die Kompression im gestoßenen Bereich $\varepsilon = -0{,}4\%$ und die elastische Spannung somit $\sigma = \varepsilon \cdot E = 840$ N/mm^2 betragen. Man sieht an diesem Beispiel, daß Kollisionsvorgänge mit Geschwindigkeiten, die durchaus üblich sind, bereits zu Stoßwellen solcher Intensität führen, daß die Elastizitätsgrenze des Materials überschritten werden kann.

3.1.2 Erzeugung von Stoßwellen durch Explosivstoffe

Explosivstoffe sind geeignet, hohe Drücke kurzer Dauer auf ihre Umgebung auszuüben. Befindet sich der Explosivstoff in direktem Kontakt mit einem Medium, dann wird bei der Detonation eine Stoßwelle in das Medium eingeleitet. Die Vorgänge bei der Entstehung der Stoßwelle durch Detonation sind kompliziert. Bei der Wechselwirkung der Detonationsprodukte mit dem angrenzenden Medium treten hydrodynamische und thermodynamische Vorgänge auf, die wegen der hohen Temperatur und wegen des hohen Druckes nur schwierig beschreibbar sind. Die Detonationsprodukte, zunächst in der Detonationsfront das gleiche Volumen einnehmend wie der feste Explosivstoff und einen hohen Druck aufweisend, beginnen sich gleich einer gespannten Feder rasch auszudehnen und leiten eine Stoßwelle in das umgebende Medium ein. Der auftretende Maximaldruck und die Wirkdauer des Druckes hängen von der Art des Explosivstoffes und dessen Menge ab. Außerdem spielt die Ladungsgeometrie eine bedeutende Rolle. Eine Beschreibung der für das Explosivverdichten wichtigen Kontaktoperationen erfolgt in Kap. 4.3. Zunächst wird das Ausbreitungsverhalten von Stoßwellen beschrieben.

3.2 Ausbreitung von Stoßwellen

Stoßwellen breiten sich mit einer charakteristischen Geschwindigkeit aus, die einerseits vom Medium und andererseits von der Höhe des Drucks abhängt. Die Kenntnis des Ausbreitungsverhaltens von Stoßwellen ist für die verschiedenen Verfahren zur Bearbeitung von Werkstoffen, insbesondere für die beim Direktverfahren des Explosivverdichtens auftretenden Erscheinungen notwendig. Dementsprechend werden Stoßwelleninterferenzen behandelt, die auftreten, wenn zwei oder mehrere ebene Stoßwellen in einem Medium aufeinandertreffen oder an freien Oberflächen oder an starren Wänden reflektiert werden, sowie die Gesetzmäßigkeiten erörtert, die das Ausbreitungsverhalten von divergierenden und konvergierenden Stoßwellen bestimmen.

3.2.1 Stoßwelleninterferenzen

In der Stoßwellenfront einer Stoßwelle liegt ein hoher Druck vor. Man sagt, das Material befindet sich im Stoßzustand. Außerdem weist das Material in diesem Zustand eine Geschwindigkeit, die Partikelgeschwindigkeit auf, welche bei einer Druckwelle in die gleiche Richtung wie die Ausbreitung der Stoßwelle gerichtet ist, hingegen bei einer Zugwelle in entgegengesetzter Richtung weist.

Wenn zwei ebene, elastische Stoßwellen aufeinandertreffen, die gleiches Vorzeichen besitzen, d.h. beide entweder Druck- oder Zugwellen sind, dann liegen die in Abb. 3.2a schematisch wiedergegebenen Verhältnisse vor. Am Ort des Zusammentreffens addieren sich ihre Amplituden, so daß momentan der doppelte Betrag des Stoßwellendrucks vorliegt. Da die zugehörigen Partikelgeschwindigkeiten entgegengesetzt gerichtet sind, ist die resultierende Partikelgeschwindigkeit gleich Null. Anschließend laufen beide Wellen so weiter, als hätte keine Interferenz stattgefunden. Ähnlich

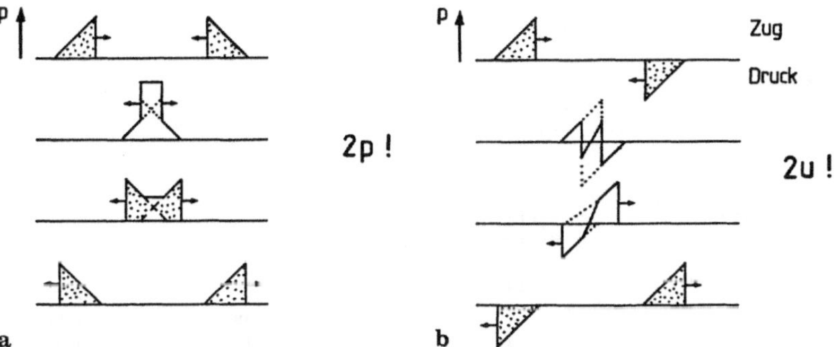

Abb. 3.2. Interferenz zweier gleichgerichteter und zweier entgegengesetzt gerichteter elastischer Stoßwellen

sind die Verhältnisse wenn wie in Abb. 3.2b zwei Wellen entgegengesetzten Vorzeichens, also eine Druck- und eine Zugwelle, aber gleicher Amplitude aufeinandertreffen. Im mittleren Teil heben sich die Amplituden auf und es herrscht dort momentan ein spannungsfreier Zustand. Da bei einer Zugwelle die zugehörige Partikelgeschwindigkeit entgegengesetzt der Fortpflanzungsrichtung der Welle gerichtet ist, addieren sich in diesem Fall die Partikelgeschwindigkeiten der beiden interferierenden Wellen, so daß vorübergehend die Partikelgeschwindigkeit 2u vorliegt. Anschließend breiten sich die beiden Wellen so weiter aus, als hätte keine Interferenz stattgefunden.

3.2.2 Reflexion von Stoßwellen an freien Oberflächen und starren Wänden

Trifft wie in Abb. 3.3 dargestellt eine Welle auf ein starres Hindernis, dann wird eine Druckwelle als Druck- und eine Zugwelle als Zugwelle reflektiert. Im Moment der Reflexion herrscht an der starren Wand ein Druck, der dem doppelten des Schockwellendrucks der einlaufenden Welle entspricht.

Bei der Reflexion einer Stoßwelle an einem freien Ende hingegen wird das Vorzeichen der reflektierten Welle umgekehrt. Im Moment der am freien Ende stattfindenden Reflexion weist das Material im Bereich der freien Oberfläche die doppelte Partikelgeschwindigkeit auf, die zuvor in der nichtinterferierenden Welle vorlag. Diese wird als „freie Oberflächengeschwindigkeit" bezeichnet.

Die freie Oberflächengeschwindigkeit ist eine geeignete Größe, um meßtechnisch einen Stoßwellenparameter zu bestimmen. Man kann diese leicht entweder mit Hilfe elektrischer Kontakte oder optisch mit Hilfe einer Drehspiegelkamera bestimmen. Die Hälfte der „freien Oberflächengeschwindigkeit" ergibt dann die Partikelgeschwindigkeit u der Stoßwelle (36,38).

3.2.3 Divergierende und konvergierende Stoßwellen

Beim Fortschreiten einer ebenen Welle bleiben die Amplitude und der übertragene Impuls erhalten, sofern keine Dispersion vorliegt und keine Energie in dem druckübertragenden Medium durch Absorption verloren geht. Bei Druckwellen besonders hoher Intensität, bei plastischen Wellen, finden irreversibel ablaufende Prozesse fast immer statt. Bei elastischen Wellen hingegen kann man davon ausgehen, daß nur reversible Prozesse in der Stoßwellenfront ablaufen.

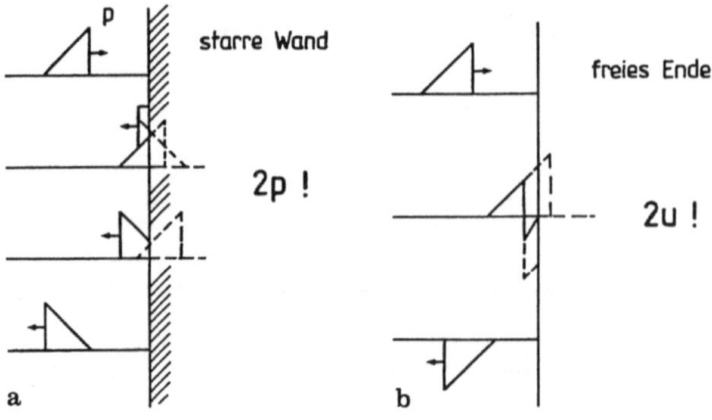

Abb. 3.3a,b. Reflexion einer Stoßwelle an einer starren Wand (**a**) und an einem freien Ende (**b**)

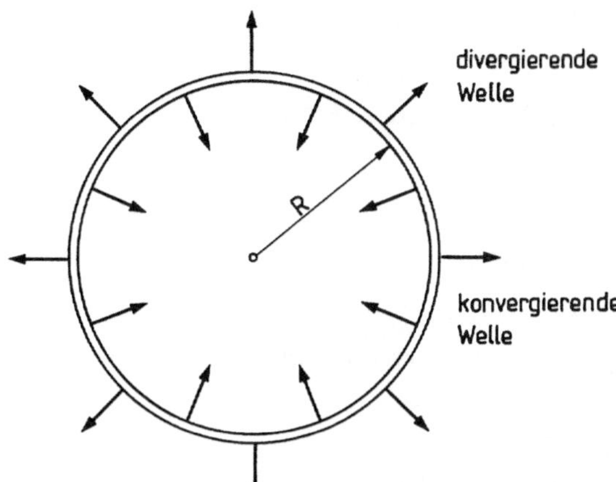

Abb. 3.4. Divergierende und konvergierende Welle (schematisch)

Für den Fall jedoch (siehe Abb. 3.4), daß eine elastische Welle divergiert, sich also die Oberfläche der Stoßwellenfront laufend vergrößert und damit die in der Stoßwelle sich ausbreitende Energie auf eine immer größere Fläche verteilt, ist mit zunehmender Entfernung mit einem Druckabfall zu rechnen.

Nach Untersuchungen von Cook (8) nimmt der Druck einer von einer Kugelladung ausgehenden sphärischen Druckwelle in Wasser mit $\left(\frac{W^{1/3}}{R}\right)^{\alpha}$ ab, wobei W die Größe der Ladung und $\alpha \approx 1$ ist. Bei einer zylindrischen Ladung hingegen ist der Druck proportional zu $1/\sqrt{R}$. Dies gilt jedoch nur bei hinreichend großem Abstand von der Ladung. In unmittelbarer Nähe der Ladung laufen thermische Vorgänge bei höchsten Drücken ab, die die besagten Verhältnisse bis zu R-Werten von ca. dem Dreifachen des Ladungsdruchmessers stören.

Bei konvergierenden Wellen gilt genau das Umgekehrte: die Welle verkleinert ihre Oberfläche; entsprechend nimmt ihre spezifische Energie zu und der Stoßwellendruck steigt an. Im Zentrum ($R=0$) liegt eine Singularität vor und würden dann nicht anelastische Effekte eintreten, wäre das Auftreten unendlich hoher Drücke möglich. Dieser interessante Fall wurde analytisch mehrfach untersucht von B.Lee und Mitarbeitern (39). Die Einleitung einer ringförmigen oder gar einer kugelförmigen Detonationswelle zur Erzeugung einer konvergierenden ringförmigen oder kugelförmigen Stoßwelle stößt allerdings auf experimentelle Schwierigkeiten, da selbst bei einer großen Anzahl von Zündpunkten stets Zwischenräume verbleiben und die erzeugte Stoßwellenfront keine gleichmäßige Krümmung aufweist. Eine Möglichkeit zur Erzeugung implodierender Stoßwellen besteht darin, daß durch Detonation unterschiedlich schneller und geeignet angeordneter Explosivstoffe eine Detonationswelle so geführt werden kann, daß eine gleichzeitige Detonation entlang einer Kugeloberfläche eingeleitet wird. Eine entsprechende Anordnung ist in Abb. 3.5 gezeigt. Bei einer spiraligen äußeren Form ist das Verhältnis aus den Geschwindigkeiten des schnellen und langsamen Explosivstoffes so zu wählen, daß die im inneren und die außen herumlaufenden Detonationsfronten an der Vorder- und Rückseite der Kugel gleichzeitig ankommen.

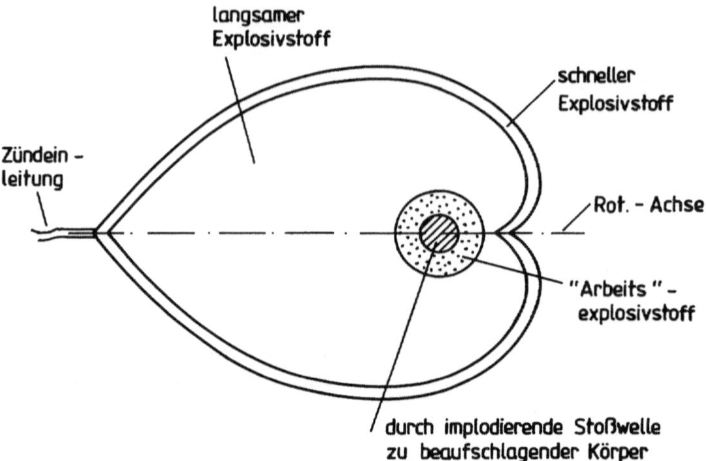

Abb. 3.5. Anordnung zur Erzeugung einer implodierenden sphärischen Stoßwelle

Eine derartige Anordnung ist geeignet, höchste Drücke zu erzeugen und das Materialverhalten unter höchster dynamischer Beanspruchung zu untersuchen. Mit einer solchen Vorrichtung werden Hypergeschwindigkeitsplasmen in Gasen erzeugt, die zur Oberflächenbearbeitung und zur Beschichtung geeignet sind (40).

3.2.4 Anwendungsbeispiele

Das Ausbreitungsverhalten, die Reflexion an freien Oberflächen und die Interferenz von Stoßwellen kann mittels eines einfachen Experiments veranschaulicht werden: ein Vierkantstab wird im Zentrum mit einer Bohrung versehen, welche mit Explosivstoff gefüllt wird. Bei Detonation desselben geht von der Berandung der Bohrung eine zylindrische divergierende Stoßwelle von Druckcharakter aus. Bei der Ankunft am freien Ende wird diese als Zugwelle reflektiert und läuft ins Material zurück. Die an zwei aneinander angrenzenden Flächen reflektierten Zugwellen treffen sich auf einer Linie entlang der Diagonalen des Vierkantmaterials. Die Intensität der Zugwelle verdoppelt sich und wenn dort die Zugfestigkeit des Materials überschritten wird, setzt dort wider Erwarten der Bruch des innenbelasteten Vierkantstabes ein. In seiner zeitlichen Folge hat der Riß seinen Ausgangspunkt an der Außenkante des Vierkants und läuft dann in radialer Richtung nach innen. Abb. 3.6 zeigt die Verhältnisse am Beispiel eines Messing-Vierkantstabes mit einer Kantenlänge von 50 mm und einer Bohrung von 8 mm Durchmesser, welche mit RDX-Explosivstoff gefüllt war.

Diese Erkenntnisse über das Ausbreitungsverhalten von Stoßwellen werden neuerdings auch in der Medizin bei der nicht-invasiven Zertrümmerung von Nierensteinen angewandt und ersetzen einen operativen Eingriff in nahezu allen Fällen. Dabei werden unter Wasser durch elektrische Funkenentladung erzeugte Stoßwellen auf die Nierensteine des im Wasser positionierten Patienten mit Hilfe eines Reflektors fokussiert. Eine mehrmalige Funkenentladung führt zu einer solchen Zerkleinerung, daß die Bruchstücke der Nierensteine mit dem Harn abgehen (41,42). Abb. 3.7 zeigt die Anordnung für eine Nierensteinzertrümmerung.

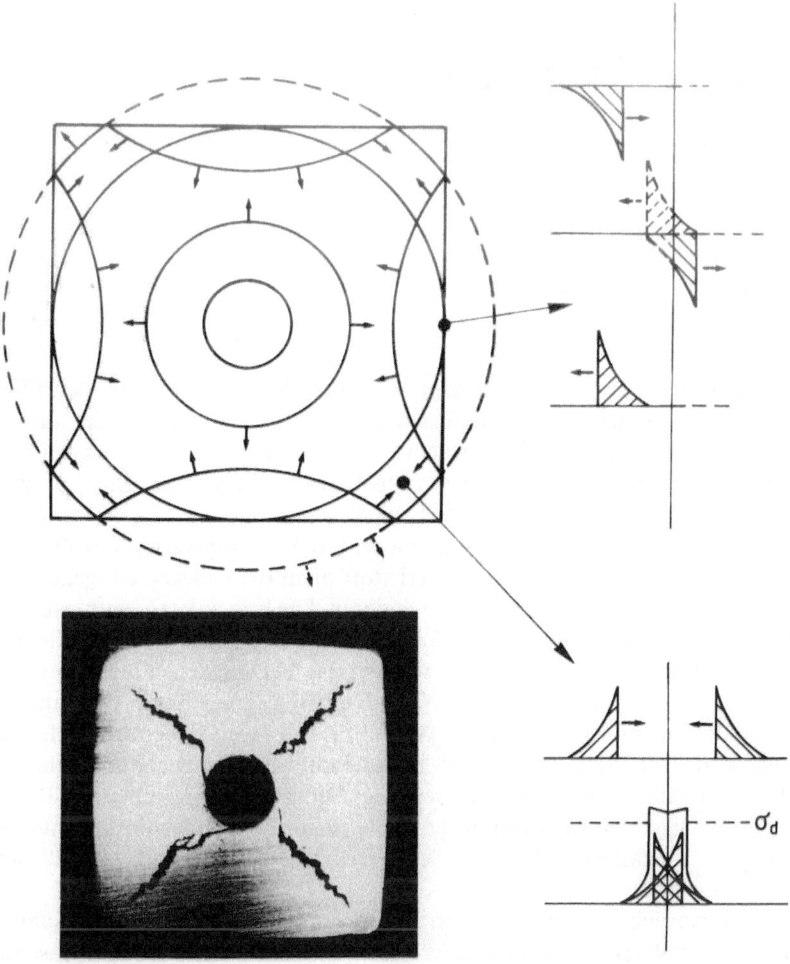

Abb. 3.6. Rißbildung in einem Vierkantstab durch in der Bohrung ausgelöste Druck-Stoßwellen

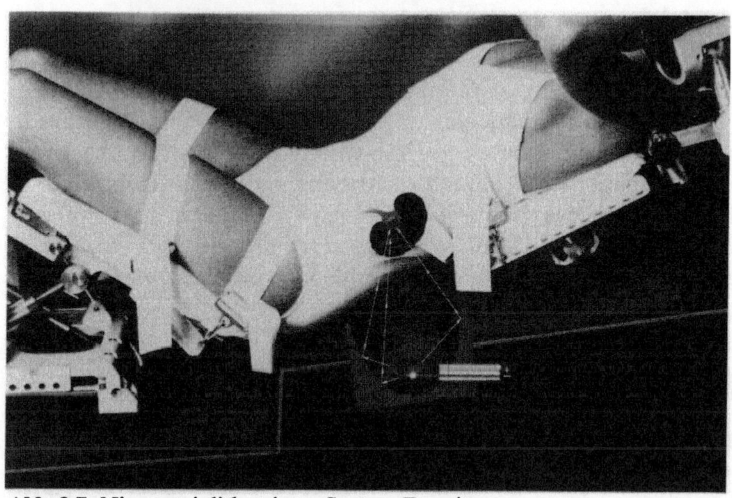

Abb. 3.7. Nierensteinlithotripter System Dornier

4 Stoßwellen in Werkstoffen

Das vorausgehende Kapitel hat gezeigt, daß die Reaktion von Werkstoffen auf Stoßwellen von elastischer und überelastischer Natur sein kann oder daß sogar Brucherscheinungen auftreten. Es wurde auch ersichtlich, daß die Werkstoffreaktionen auf impulsartige Belastungen sehr von denen auf statische Belastungen abweichen. Bei Stoßwellenbelastungen ist die Zeit eine wesentliche die Werkstoffreaktion bestimmende Größe. In der Stoßwellenfront wird eine Kompression des Werkstoffes derart schnell herbeigeführt, daß dem Werkstoff nicht die Gelegenheit gegeben wird, wie im Fall einer statischen Belastung zu reagieren. Die hohen Verformungsbeträge in der Stoßwellenfront einer plastischen Welle können nicht in allen Fällen allein durch eine Versetzungsbewegung aufgebracht werden wie bei statischer Belastung, so daß z.B. Eisen bei Stoßwellenbelastung zusätzliche Deformationen durch Zwillingsbildung erzeugt, welche normalerweise nicht oder nur bei Tieftemperatur-Deformation beobachtet wird. Der Werkstoffzustand in der Stoßwellenfront bedarf deshalb einer der Belastungsart angemessenen Beschreibung. Die hierfür maßgebenden Beziehungen werden im folgenden für Festkörper sowie für pulvrige oder poröse Substanzen abgeleitet. Die Zustandsgleichungen des Werkstoffes im „Stoßzustand" werden angegeben.

Schließlich werden die Wirkung von Explosivstoffen auf Werkstoffe quantitativ erfaßt und die im Werkstoff hervorgerufenen typischen Veränderungen geschildert.

4.1 Die Zustandsgleichungen stoßwellenbeanspruchter Festkörper

Für eine Stoßwelle, die in ein ungestörtes Material mit der Stoßwellengeschwindigkeit U einläuft, können die Werkstoffzustände vor und hinter der Stoßwellenfront unter Beachtung der Erhaltungssätze der Masse, des Impulses und der Energie abgeleitet werden. Vor der Stoßwellenfront hat das ungestörte Material die Partikelgeschwindigkeit $u=0$ und die Dichte ϱ_0 bzw. das spezifische Volumen V_0. Hinter der Stoßwellenfront liegt eine Dichte von $\varrho>\varrho_0$ und eine Partikelgeschwindigkeit $u \neq 0$ vor.

Bei Betrachtung einer im Zeitintervall Δt durchlaufenden Fläche $F=1$ erfordert die MASSENERHALTUNG:

$$\varrho_0 \cdot \underbrace{U\Delta t \cdot F}_{\text{Volumen}} = \varrho \cdot \underbrace{(U-u)\Delta t \cdot F}_{\text{überstrichenes Volumen}}$$

Damit ergibt sich die Partikelgeschwindigkeit u in Richtung der Stoßwelle zu

$$\varrho_0 \cdot U = \varrho(U-u) \qquad (4.1)$$

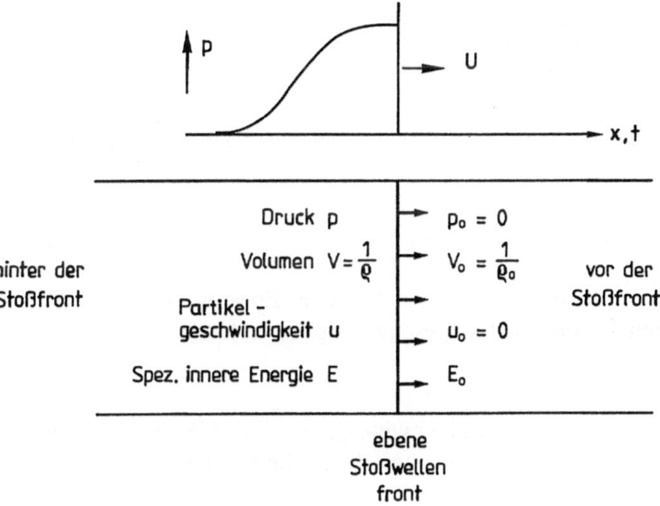

Abb. 4.1 Zustandsparameter vor und hinter einer ebenen Stoßwellenfront (schematisch)

bzw.

$$u = U\left(\frac{\varrho - \varrho_0}{\varrho}\right) \tag{4.2}$$

Aus dem Erhaltungssatz des IMPULSES folgt:

$$\underbrace{P \cdot F}_{\text{Kraft}} \cdot \Delta t = \underbrace{\varrho_0 \cdot U\Delta t}_{\text{Masse}} \cdot u$$

und damit

$$P - P_0 = \varrho \cdot U \cdot u. \tag{4.3}$$

Schließlich verlangt der *ENERGIESATZ*, daß die beim Durchgang einer Stoßwellenfront während des Zeitintervalls Δt am Volumelement geleistete Arbeit gleich der Zunahme der inneren *ENERGIE* (Temperatur, gespeicherte elastische Energie) und der kinetischen Energie ist. Damit gilt:

$$P \cdot u \cdot \Delta t = \tfrac{1}{2}\,\underbrace{\varrho_0 F U \Delta t}_{\text{Masse}} u^2 + \underbrace{(E_1 - E_0)}_{\substack{\text{Änderung}\\\text{der inneren}\\\text{spezifischen}\\\text{Energie}}} \cdot \underbrace{\varrho_0 F \cdot U\Delta t}_{\text{Masse}}$$

woraus folgt

$$Pu = \tfrac{1}{2}\varrho_0 U u^2 + \varrho_0 U (E - E_0). \tag{4.4}$$

Die Gleichungen 4.1 bis 4.4 sind die Rankine- Hugoniot- Beziehungen. Aus ihnen folgt für die Stoßwellengeschwindigkeit U

$$U = \pm V_0 \sqrt{-(P - P_0)/(V - V_0)} \tag{4.5}$$

und für die Partikelgeschwindigkeit u

$$u=\sqrt{-(P-P_0)\cdot(V-V_0)}\,. \tag{4.6}$$

Dabei gilt das positive Vorzeichen für eine Druck- und das negative Vorzeichen für eine Zugwelle. Durch Einsetzen von Gln. 4.5 und 4.6 in Gl. 4.4 erhält man die Hugoniot-Beziehung

$$E-E_0=\tfrac{1}{2}(P+P_0)(V-V_0)\,. \tag{4.7}$$

Es gibt weiterhin eine empirische Beziehung für den Zusammenhang zwischen Stoßwellengeschwindigkeit U und Partikelgeschwindigkeit u (36):

$$U=C_0+su \tag{4.8}$$

wobei C_0 näherungsweise der Schallgeschwindigkeit $C_0=\sqrt{K/\varrho_0}$ (K = Kompressionsmodul) entspricht. In erster Näherung gilt für die Größe

$$s=\tfrac{1}{2}(\Gamma+1) \tag{4.9}$$

wobei Γ der Grüneisenparameter ist. Dieser beschreibt den Zusammenhang zwischen innerer Energie und Druck bei konstantem Volumen und ist gegeben durch

$$\Gamma=V\left(\frac{\delta P}{\delta E}\right)_V=\frac{V}{c_v}\cdot\left(\frac{\delta P}{\delta T}\right)_V=-\frac{V}{c_v}\left(\frac{\delta P}{\delta V}\right)_T\left(\frac{\delta V}{\delta T}\right)_P=\frac{K\cdot\beta}{\varrho_0\cdot c_v} \tag{4.10}$$

wobei β der kubische Ausdehnungskoeffizient $\sim 3\alpha$ und c_v die spezifische Wärme bei konstantem Volumen ist.

Ein Einsetzen von Gln. 4.8 in Gl. 4.5 und 4.6 liefert Beziehungen, welche die Stoßwellenparameter jeweils paarweise beschreiben und zwar die U-u-, P-u- oder P-V-Zusammenhänge (37,38). Am meisten wird auf den P-V-Zusammenhang, der Hugoniotkurve genannt wird, zurückgegriffen.

In Abb. 4.2 ist der schematische Verlauf einer solchen Hugoniotkurve wiedergegeben. Sie gibt die Endzustände an, die durch Stoßwellen erreicht werden, aber nicht die durchlaufenen Zwischenzustände.

Die Verbindungslinie zwischen Anfangs- und Endzustand wird als Raleigh-Gerade bezeichnet. Ihre Steigung ist nach Gl. 4.5 ein Maß für die Stoßwellengeschwindigkeit. Die Fläche des schraffierten Dreiecks $V_1 - P_1V_1 - V_0$ gibt nach Gl. 4.7 die Zunahme der inneren Energie wieder. Diese ist mit einem Temperaturanstieg bis zur Stoßtemperatur verbunden. Die Entlastung nach Passieren der Stoßwelle erfolgt entlang der in Abb. 4.2 eingezeichneten Entlastungsisentrope.

Bei Entlastung wird nur im rein elastischen Fall die gesamte zugeführte Energie zurückgewonnen. Irreversibel ablaufende Vorgänge bewirken, daß der Festkörper selbst nach völliger Entlastung eine Resttemperatur aufweist. Der irreversibel verbleibende Anteil der Energie wird in Abb. 4.2 durch die punktierte Fläche zwischen der Raleigh-Geraden und der Entlastungsisentropen wiedergegeben. Die verbleibende Restenergie bewirkt, daß das Volumen V_E des von der Stoßwelle durchlaufenen Materials größer ist als das Ausgangsvolumen. Der Festkörper weist deshalb eine Resttemperatur ΔT auf. Im allgemeinen weichen die Hugoniot-Kurve und die Entlastungsadiabate in ihrem Verlauf nur wenig voneinander ab, so daß die beobachteten Resttemperaturen kleiner sind als die während des Stoßwellendurch-

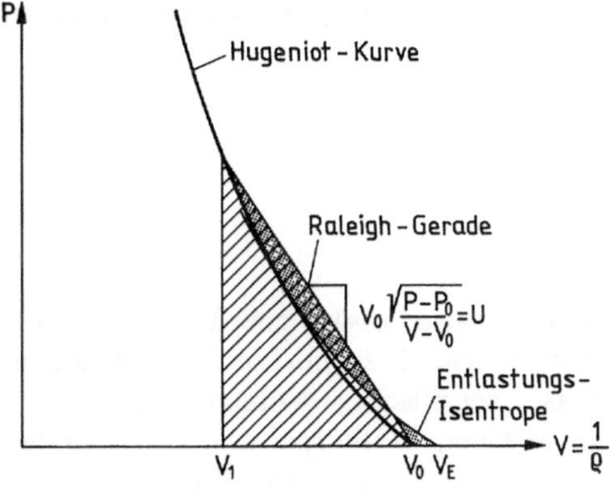

Abb. 4.2. Hugoniot-Kurve, schematisch, und Entlastungsisentrope

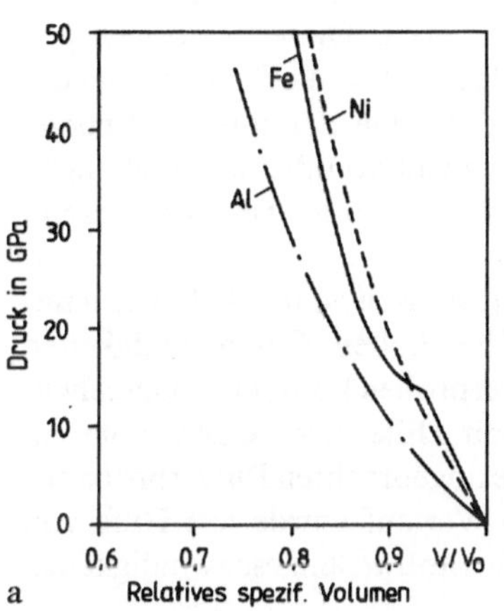

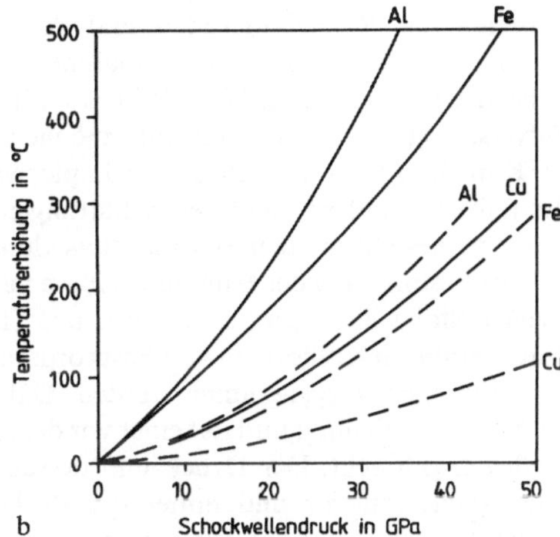

Abb. 4.3. **a** Hugoniot-Kurve für reines Al, Fe und Ni, **b** Stoßtemperatur und Resttemperatur für reines Al, Fe und Cu in Abhängigkeit von Stoßwellendruck nach Daten von (34,43,44)

gangs beobachteten Stoßtemperaturen (36,38,43). In Abb. 4.3 sind die Hugoniot-Kurven, die Stoßwellentemperatur bei und die Resttemperatur nach Durchlaufen der Stoßwelle für verschiedene Materialien wiedergegeben. Eine umfangreiche Zusammenstellung von Hugoniot-Daten wurde von J.Kohn (46) und O.Jones und A.Graham (47) und M.van Thiel (37) veröffentlicht.

4.2 Die Zustandsgleichungen stoßwellenbeanspruchter pulvriger Substanzen

Die Beaufschlagung von porösen oder pulvrigen Substanzen durch Stoßwellen führt zu einer bleibenden Verdichtung. Läuft die Stoßwelle mit der Stoßwellengeschwindigkeit U in das Pulver ein, so liegt hinter der Stoßwelle eine höhere Dichte vor als im

Ausgangsmaterial. In der Stoßwellenfront laufen dabei weit mehr irreversible Prozesse ab als bei stoßwellenbeanspruchten Festkörpern:

- Umordnung der Pulverteilchen
- Reibung der Teilchen aneinander
- Plastische Verformung der Teilchen
- Zerkleinerung der Teilchen
- Verfestigung des Teilcheninneren.

Im Vergleich zu einem Festkörper werden also zusätzliche Energiebeträge aufgewendet. Im Prinzip wird also die Hugoniot-Kurve für ein poröses Material wie in Abb. 4.4 rechts gezeigt aussehen. Das spezifische Volumen $V'_0 = 1/\varrho_p$ (ϱ_p = Schüttdichte des Pulvers) ist größer als bei einem Festkörper. Die Arbeit für die Verdichtung der pulvrigen Substanz wird durch das schraffierte Dreieck $V'_0 - P_1V'_1 - V_1$ repräsentiert. Ein Teil dieser Energie wird beim Entlasten wieder frei.

Die Entlastung erfolgt entlang der Adiabaten des Festkörpers. Die punktierte, zwischen der Raleigh-Geraden und der Entlastungs-Adiabaten liegende Fläche $V'_E - P_1V'_1 - V'_0$ entspricht der Zunahme der inneren Energie. Diese ist in pulvrigen Substanzen wesentlich größer als in Festkörpern. Maßgebend ist die Schüttdichte des Pulvers. Legt man Wert auf eine möglichst große Zunahme der inneren Energie (s. Kap. 5.3.3), so wird man beim Explosivverdichten nicht von dichten Packungen des Pulvers, sondern von losen Schüttungen ausgehen. Der größte Teil der Energiezunahme besteht in einer Wärmeentwicklung.

Die Bestimmung der Hugoniot-Kurve pulvriger Substanzen ist möglich, wenn mit ebenen Stoßwellen gearbeitet wird: mit Hilfe von bei hohen Geschwindigkeiten durchgeführten Kollisionen von Festkörpern mit Pulverproben konnten entsprechende Messungen vorgenommen werden. Dabei wird mit Hilfe einer Gaskanone ein Projektil beschleunigt und mit einer vor dem Rohrende angebrachten Pulverprobe zur Kollision gebracht. Der Druck und dessen zeitlicher Verlauf wurde mit Hilfe von Quarz-Sensoren vor und hinter der Probe und die Stoßwellengeschwindigkeiten mittels elektrischer Kontakte gemessen.

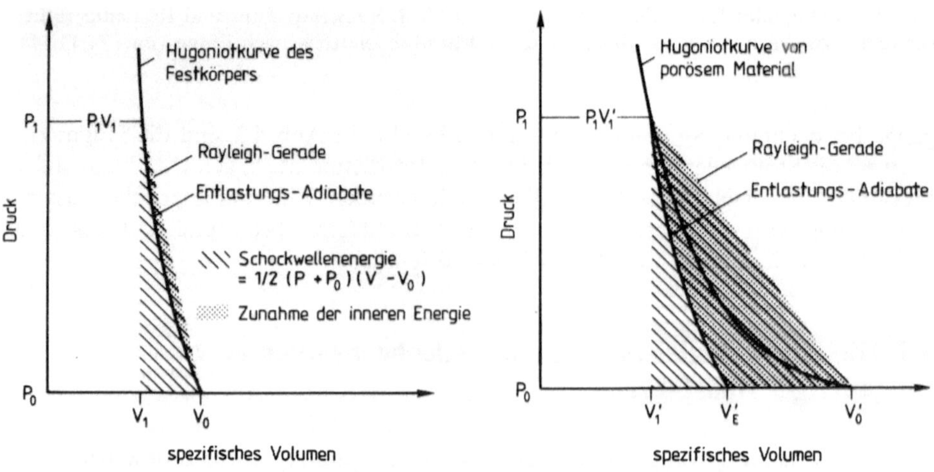

Abb. 4.4 Hugiot-Kurve von pulvrigen oder porösen Substanzen im Vergleich zu der von Festkörpern

Es wird gefunden (50 – 53), daß die Hugoniot-Kurven im Bereich unvollständiger Verdichtung mit zunehmendem Stoßwellendruck sich asymptotisch der Hugoniot-Kurve des dichten Materials nähern. Bei Kupfer mit einer Ausgangsdichte von $\varrho_p = 6{,}43\ g/cm^3$ wird eine vollständige Verdichtung bei einem Druck von 2,1 GPa erzielt (50). Eine Abhängigkeit des Verlaufs der Hugoniot-Kurve von der Korngröße des Pulvers scheint dabei nicht zu existieren. Qualitativ gleiche Ergebnisse werden auch an Wolfram- und Eisenpulver gefunden. Außerdem wird beobachtet, daß vor der eigentlichen Verdichtungswelle eine elastische Vorläuferwelle geringer Stärke auftritt, die annähernd mit Schallgeschwindigkeit durch das Pulveraggregat von Teilchen zu Teilchen eilt, ohne merkliche Deformationen zu erzeugen (Billiard-Kugel-Effekt). Es läßt sich zeigen (53), daß die Hugoniot-Kurven für poröse Werkstoffe sich durch das P-α-Modell (54) beschreiben lassen, wobei α der Quotient aus dem Volumen des Pulvers und dem Volumen des völlig dichten Körpers bei gleichem Druck P und gleicher innerer Energie E ist. Es ergibt sich eine gute Annäherung an die experimentellen Befunde, wenn für $\alpha = f(P)$ eine exponentielle Funktion gewählt wird. Diese Art der Beschreibung berücksichtigt in geeigneter Weise, daß die Zunahme der inneren Energie beim dynamischen Verdichten eines Pulvers größer ist als beim Verdichten eines Festkörpers des gleichen Materials bei gleichem Druck.

Mit Hilfe einer experimentell ähnlichen Anordnung finden B.Butcher und C.H.Barnes (55) für Eisen Verdichtungskurven, die ebenfalls mit dem P-α-Modell (54) beschrieben werden können. Dabei wird eine vollständige Verdichtung von Eisen bei einem Druck von ca. 2,6 GPa asymptotisch erreicht, während Pulver aus der Aluminiumlegierung SAE 2024 bereits bei einem Druck von ca. 0,7 GPa vollständig verdichtet wird (56). Diese Beobachtung ist in voller Übereinstimmung mit Beobachtungen von R.K.Linde und D.N.Schmidt, wobei eine vollständige Verdichtung von Al-Pulver bei Drücken von 1 GPa gefunden wird (57).

In Abb. 4.5 und 4.6 sind die Hugoniot-Kurven einer „weichen" Al6Si-Legierung (58) und einer „harten" Al_2O_3-Keramik (59) als Beispiel wiedergegeben. Die Tatsache, daß sich die Hugoniot-Kurven des Festkörpers und des Pulvers einander nur asymptotisch nähern und einander – selbst bei höchsten Drücken – nie berühren, ist Ausdruck der höheren inneren Energie im verdichteten Pulver im Vergleich zu der des Festkörpers im Stoßzustand.

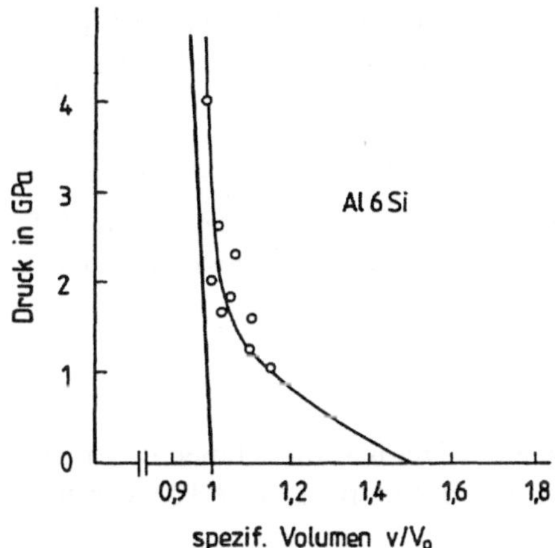

Abb. 4.5. Hugoniot-Kurve als Al-Legierung Al6Si als Festkörper und als Pulver mit einer Schüttdichte von 66 % der theoretischen Dichte ($V/V_0 = 1{,}5$)

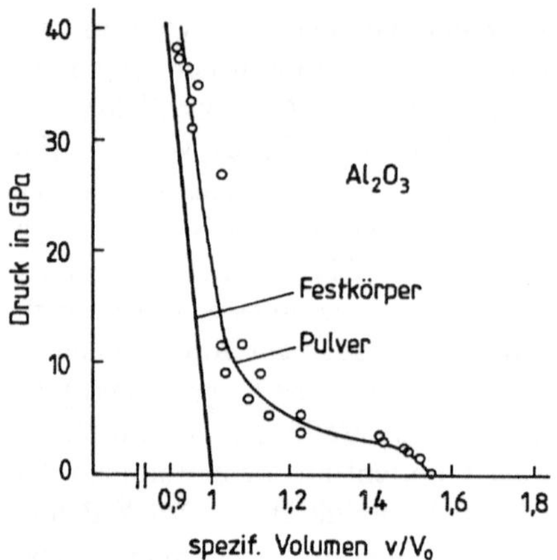

Abb. 4.6. Hugoniot-Kurve von Aluminiumoxid Al_2O_3 als Festkörper und als Pulver mit einer Schüttdichte von 64 % der theoretischen Dichte ($V/V_0 = 1{,}55$)

4.3 Quantitative Charakterisierung von Explosivstoffen zur Stoßwellenerzeugung

Bei unmittelbarem Kontakt von Explosivstoffen mit einem Medium werden in der Folge der Explosion Stoßwellen erzeugt. Um die Vorgänge beim Explosivverdichten quantitativ erfassen zu können, werden nachfolgend die wesentlichsten Merkmale von Explosivstoffen geschildert und die entsprechenden Beziehungen angegeben.

Bei Explosivstoffen handelt es sich meistens um organische Verbindungen, bei denen Wasserstoffatome durch NO_2 bzw. NO_3-Gruppen als Sauerstoffträger ersetzt sind. Das von H.Sobrero 1867 (60) entdeckte Nitroglycerin besteht z.B. aus einer von Propan abgeleiteten Kohlenstoffkette, bei der an jedem der 3 Kohlenstoffatome ein H-Atom durch eine NO_3-Gruppe ersetzt ist. Infolge der hohen Affinität von Sauerstoff zu Wasserstoff und Kohlenstoff entsteht nach Einleitung einer detonativen Umsetzung die Reaktion zu Wasserdampf, Kohlendioxid und freiem Stickstoff. Die Umsetzung schreitet mit einer für jeden Explosivstoff charakteristischen Detonationsgeschwindigkeit v_D fort. Damit die chemische Umsetzung detonativ erfolgt, ist es meistens notwendig, diese mit Hilfe eines Detonators einzuleiten. Im Gegensatz zu Verbrennungen verlaufen Detonationen in chemischer Hinsicht vollständig ab. Dies sei am Beispiel von Glykoldinitrat $C_2H_4(NO_3)_2$ gezeigt (61). Bei einer durch thermische Einwirkung eingeleiteten Verbrennung, die mit einer Geschwindigkeit von 0,3 mm/s fortschreitet, findet die unvollständige exotherme Reaktion

$$C_2H_2(NO_3)_2 \rightarrow 2NO + 1{,}7CO + 1{,}7H_2O + 0{,}3CO_2 + 0{,}3H_2$$

statt, wobei eine Energie von 1925 J/g frei wird. Erfolgt dagegen, eingeleitet mit Hilfe eines Detonators, eine Detonation, so verläuft diese mit einer Geschwindigkeit von $v_D = 8000$ m/s gemäß

$$C_2H_4(NO_3)_2 \rightarrow 2CO_2 + 2H_2O\,\text{Gas} + N_2,$$

wobei eine Energie von 6696 J/g freigesetzt wird.

Bei der spontanen Stoffumsetzung während einer Detonation nehmen die entstehenden Gase zunächst das gleiche Volumen ein wie der ursprüngliche Explosivstoff selbst, so daß höchste Drücke erzeugt werden.

Die entstehende Detonationswelle kann man als abrupte Diskontinuität betrachten, die mit charakteristischer Geschwindigkeit fortschreitet. Sind E_0 die spezifische innere Energie, V_0 das spezifische Volumen, $P_0 = 0$ der Druck und u_0 die Partikelgeschwindigkeit vor der Detonationsfront und die entsprechenden Zustandsgrößen hinter der Detonationsfront E, V, P und u (vgl. Abb. 4.1) so berechnet sich mit Hilfe der Gln. 4.2 und 4.3, wenn die Stoßwellengeschwindigkeit U gleich der Detonationsgeschwindigkeit v_D gesetzt wird, die Partikelgeschwindigkeit in der Detonationsfront zu

$$u = v_D \frac{\varrho - \varrho_0}{\varrho} \tag{4.11}$$

und der Detonationsdruck zu

$$P = \frac{\varrho_0}{\varrho} (\varrho - \varrho_0) v_D^2 \tag{4.12}$$

Der Druck, den ein Explosivstoff erzeugt, ist also durch das Produkt aus der Dichte des Explosivstoffes und dem Quadrat der Detonationsgeschwindigkeit gegeben. Meist gilt für die Dichte der Detonationsfront

$$\varrho = \tfrac{4}{3} \varrho_0 \tag{4.13}$$

so daß die Gl. 4.11 und 4.12 die vereinfachte Form

$$u = \tfrac{1}{4} \cdot v_D \tag{4.14}$$

und

$$P = \tfrac{1}{4} \cdot \varrho_0 \cdot v_D^2 \tag{4.15}$$

annehmen. Bei dem angesprochenen Glykoldinitrat liegen beispielsweise in der Detonationsfront eine Partikelgeschwindigkeit $u = 2000$ m/s und ein Detonationsdruck $P = \frac{1}{4} \cdot 1496 \cdot 8000^2 = 29{,}3$ GPa vor.

Tabelle 4.1. Charakteristische Daten einiger gebräuchlicher Explosivstoffe

Explosiver Stoff	Detonations-geschwindigkeit v_D	Dichte ϱ_0 g/cm^3	Druck P GPa
Hexogen	8 640 m/s	1,77	33,8
Comp. B {64% Hexogen, 36% TNT}	8 010	1,71	29,2
Trinitrotoluol	6 940	1,64	18,9
Ammonit 1	3 500	1,25	4,3
Carbonit	1 600	1,05	0,7

Die Dichteänderung beiderseits der Detonationsfront kann mittels der Absorption von Röntgenstrahlung (Röntgenblitztechnik, Belichtungszeit <200 ns) bestimmt werden. Die Detonationsgeschwindigkeit läßt sich mit elektrischen Kontakten (62), mit Hilfe von Hochgeschwindigkeitskameras (61,62) (Streak- oder Framing-Kamera), nach der Dautriche-Methode (61) oder auch kontinuierlich messen (63). In Tabelle 4.1 sind die charakteristischen Daten einiger gebräuchlicher Explosivstoffe, die auch beim Explosivverdichten Anwendung finden, zusammengestellt.

Wichtig ist die Feststellung, daß der Druck, der nach der Detonation in einem mit Explosivstoff beschichteten Festkörper aufgebaut wird, von dessen Schockwellenparametern abhängig ist. Ferner ist die Dauer der Druckeinwirkung auf einen Festkörper eine Funktion der Dicke der Explosivstoffschicht. Je dicker die Explosivstoffschicht ist, um so größer ist die Zeit für eine von außen einlaufende Entlastungswelle und um so länger hält die Druckwirkung an. Die Dauer der Beschleunigung einer Metallplatte und damit der ihr erteilte Impuls ist bis zu bestimmten Grenzen der Dicke der jeweiligen Explosivstoffschicht proportional. Abb. 4.7 veranschaulicht die Druckwirkdauer auf metallische Körper aus Al, Fe und Cu für unterschiedlich dicke Explosivstoffschichten aus Comp.B bei Detonationsverlauf in einer Richtung parallel zur Probenoberfläche. Für die Durchführung von Explosivverdichtungen ist es von großer Bedeutung, daß sich nach Gl. 4.5 praktisch jede Druckhöhe über die Wahl eines geeigneten Explosivstoffes mit entsprechender Detonationsgeschwindigkeit einstellen läßt. Durch Mischen bestimmter pulvriger Explosivstoffe lassen sich die unterschiedlichsten Detonationsgeschwindigkeiten erzeugen.

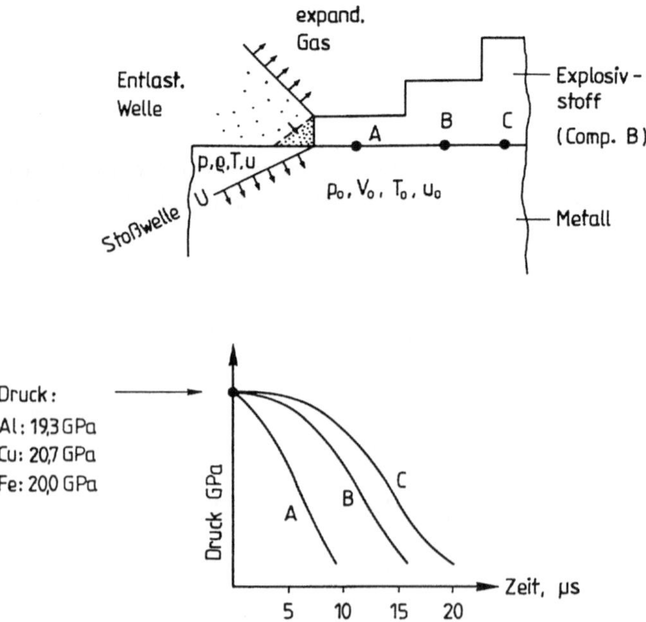

Abb.4.7. Druckwirkdauer auf reine Metalle bei verschiedenen Dicken der Explosivstoffschicht aus Comp. B (9)

4.4 Werkstoffveränderungen in Festkörpern aufgrund einer Stoßwelleneinwirkung

Die Vorgänge beim Durchlaufen einer Stoßwelle durch ein Material sind wegen der hohen Geschwindigkeit und der äußerst kurzen Wirkdauer der Stoßwelle (ca. 2 μs) nicht beobachtbar. Sie können erst nachträglich anhand der zurückbleibenden Werkstoffveränderungen näher untersucht werden. Die resultierenden Veränderungen im Material sind das Produkt der Überlagerung von mehreren Einzelvorgängen. Hierbei sind der Stoßwellendruck und das Material maßgebend. Bei mäßigen Drücken setzt in der Stoßwellenfront die Bildung von Versetzungen und Punktdefekten ein, gefolgt von einer Zwillingsbildung bei höheren Drücken. Bei einigen Werkstoffen können stoßwellenbedingte Umwandlungen des Kristallgitters auftreten. Schließlich kann bei höchsten Stoßwellendrücken die dann auftretende Erwärmung die Ausheilung von Defekten oder gar den schmelzflüssigen Zustand herbeiführen.

4.4.1 Die Versetzungsbildung

Wenn eine Stoßwelle das betreffende Material in den Stoßzustand versetzt, kommt es zu einem sehr schnellen Druckanstieg in der Stoßwellenfront innerhalb von ca. 10^{-9} s. Der Betrag der dabei auftretenden plastischen Deformation kann aus der Kompression abgeleitet werden, die sich aus der Hugoniotkurve des betreffenden Materials entnehmen läßt. A. Holtzmann und G.Cowan (64) geben eine Beziehung für die Verformung in der Stoßwellenfront an:

$$\varepsilon = \tfrac{2}{3} \cdot \ln \frac{V_1}{V_0}. \tag{4.16}$$

An einem Zahlenbeispiel möge diese erläutert werden. Eine Stoßwelle von 10 GPa Druck pflanzt sich im Werkstoff Eisen fort. Aus der Hugoniot-Kurve für Eisen in Abb. 4.3a kann entnommen werden, daß daraus eine Kompression auf das 0,95-fache des ursprünglichen Volumens V_0 resultiert, d.h. $V_1 = 0{,}95 V_0$. Der Kompression entspricht nach Gl. 4.16 eine plastische Deformation von $\varepsilon = -3{,}4\,\%$. Die Dehngeschwindigkeit für den vorliegenden einachsigen Belastungsfall beträgt

$$\dot{\varepsilon} = 34 \cdot 10^6\,\mathrm{s}^{-1}.$$

Wenn dieser Betrag der plastischen Deformation durch Bewegung der im Werkstoff vorhandenen Versetzungen der Dichte n bei einer Versetzungsgeschwindigkeit v erbracht werden soll, dann gilt die Beziehung

$$\dot{\varepsilon} = n \cdot b \cdot v$$

wobei b der Burgersvektor ist. Unter der Annahme, daß zunächst eine Versetzungsdichte von $n = 10^8/\mathrm{cm}^2$ im Eisen vorliegt und die Versetzungsgeschwindigkeit nicht schneller als die Schallgeschwindigkeit des betreffenden Materials sein kann, ergibt sich nach Gl. 4.17 eine Dehngeschwindigkeit von äußerstenfalls

$$\dot{\varepsilon} = 7{,}5 \cdot 10^5\,\mathrm{s}^{-1},$$

also ein Wert, der um mehr als eine Größenordnung kleiner als die tatsächliche Dehngeschwindigkeit ist. Die hohe Dehngeschwindigkeit kann also nur durch die Bildung neuer Versetzungen in der Stoßwellenfront erzielt werden.

Da die nachfolgende Entlastungswelle eine plastische Deformation des gleichen Betrages liefert, ist die nach Durchgang einer Stoßwelle im Werkstoff insgesamt erzeugte Verformung

$$\varepsilon = \tfrac{4}{3} \ln \left(\frac{V_1}{V_0} \right).$$

Die aufgrund dieser Deformation im Werkstoff erzeugte Versetzungsdichte ist um so größer, je höher der Stoßwellendruck ist. Zur Beschreibung der Mechanismen der Versetzungsbildung in der Stoßwellenfront wurden verschiedene Modelle entwickelt, die in einer zusammenfassenden Arbeit von M.Meyers und L.Murr (65) kritisch beleuchtet werden. Es besteht eine ausgeprägte Abhängigkeit vom Werkstofftyp.

4.4.1.1 Kubisch flächenzentrierte Metalle

Eine einsinnige oder schwingende plastische Verformung von Metallen führt zu einer Versetzungsanordnung in Zellen: relativ versetzungsarme Bereiche sind von einem dichten Versetzungsnetzwerk umgeben. Bei kubisch flächenzentrierten Metallen wird nach Stoßwellenbelastung eine Versetzungsstruktur mit ähnlicher Zellbildung beobachtet. So wurde in stoßwellenbelastetem Kupfer und Nickel eine ausgeprägte Zellstruktur gefunden, die mit zunehmendem Druck in der Stoßwelle feiner wird. Die sich nach Stoßwellenbelastung einstellende Zellgröße ist allerdings wesentlich kleiner als die nach vergleichbarer plastischer Deformation bei konventionellen Methoden (66,67). Entsprechend höher ist die Zunahme der Härte- und Festigkeit nach einer Stoßwellenbehandlung. Die Hall-Petch-Beziehung hat auch hierbei ihre Gültigkeit.

4.4.1.2 Kubisch raumzentrierte Metalle

Hier liegen nicht so eindeutig geklärte Verhältnisse vor. Bis zu Drücken von 13 GPa ergeben sich z.B. in Eisen parallel zueinander angeordnete Versetzungen, denen jeweils zwei Schraubenversetzungen mit entgegengesetztem Vorzeichen entsprechen, wobei der Versetzungbogen durch eine Stufenversetzung geschlossen wird. In stoßwellenbelastetem Molybdän hingegen wird eine regellose Verteilung der Versetzungen beobachtet (68).

4.4.2 Die Zwillingsbildung

Durch eine Stoßwellenbelastung wird eine Zwillingsbildung begünstigt. Sie tritt auch bei Metallen auf, die Zwillingsbildung sonst nur bei Tieftemperaturverformung zeigen. Auch hier ergeben sich unterschiedliche Verhältnisse in Abhängigkeit vom Werkstofftyp.

4.4.2.1 Kubisch flächenzentrierte Metalle

Die durch Stoßwellenbelastung hervorgerufene Zwillingsbildung ist von der Stapelfehlerenergie des betreffenden Materials abhängig. Während Metalle mit niedriger

Stapelfehlerenergie bis ca. 60 mJ/m^2 bereits bei geringen Stoßwellendrücken Stapelfehler in {111}-Ebenen aufweisen, ist das Auftreten von Stapelfehlern in Metallen mit größerer Stapelfehlerenergie erst nach Überschreiten eines bestimmten Stoßwellendruckes beobachtbar. So wurde Zwillingsbildung in Kupfer mit einer Stapelfehlerenergie von 128 mJ/m^2 erst ab Stoßwellendrücken von 20 GPa beobachtet (69), während Zwillinge in Al-Cu-Legierungen mit einer Stapelfehlerenergie von 320 mJ/m^2 überhaupt nicht auftreten (70).

Die Zwillingsdichte selbst steigt mit dem Stoßwellendruck an. Auch hier stellt sich die Gültigkeit der Hall-Petch-Beziehung für den Zusammenhang zwischen der Härte bzw. Festigkeit und dem mittleren Abstand von Bereichen mit hoher Zwillingsdichte heraus (68).

4.4.2.2 Kubisch raumzentrierte Metalle

Eine Zwillingsbildung aufgrund einer Stoßwellenbehandlung wurde in Eisen, Molybdän und Niob festgestellt (71,72). Es handelt sich dabei um Zwillinge in den {112}-Ebenen. Mit zunehmendem Druck der Stoßwelle verkleinert sich auch hier die Größe der Bereiche. Dies wird auf die bei höherem Druck größere Stoßwellengeschwindigkeit zurückgeführt, indem dann ein kleinerer Zeitraum für die Zwillingsbildung zur Verfügung steht.

4.4.2.3 Hexagonale Metalle

Für Werkstoffe mit hexagonaler Struktur liegen nur wenige Erfahrungswerte über strukturelle Veränderungen aufgrund einer Stoßwellenbehandlung vor. Beim Titan wird eine starke Zwillingsbildung beobachtet (30,73).

4.4.3 Die Bildung von Punktfehlern

Es liegen ausreichende Befunde vor, die auf eine erhöhte Dichte von Punktfehlern nach einer Stoßwellenbehandlung hinweisen. Es handelt sich hierbei vorwiegend um Leerstellen und Leerstellenagglomerate (65). Deren Dichte kann in Nickel nach einer Stoßwellenbehandlung um den Faktor drei bis vier größer sein als nach dem Walzen bei vergleichbaren plastischen Verformungsgraden.

4.4.4 Die Phasenumwandlungen

Eine Reihe von Werkstoffen zeigt bei Stoßwellenbehandlung eine oder mehrere druckinduzierte Phasenumwandlungen. Bei Eisenwerkstoffen wurden derartige Umwandlungen genauestens untersucht. Bei einem Druck von 13 GPa tritt eine Umwandlung auf, die anfänglich als $\alpha-\beta$-Umwandlung angesehen wurde (45). Sie wurde sowohl bei statischer als auch bei dynamischer Belastung festgestellt. Die Umwandlung ist reversibel, jedoch sind die Auswirkungen der Umwandlung nachträglich im metallographischen Schliff durch eine dunklere Anätzzone und das Auftreten einer vermehrten Zwillingsbildung feststellbar. Erst P.Johnson, B.Stein und R.Davis (74) konnten nachweisen, daß für Eisen bei 775° C und 11,5 GPa ein Tripelpunkt existiert. Bei unter hohem Druck durchgeführten röntgenographischen Beugungsuntersuchungen konnte schließlich gezeigt werden, daß sich eine hexagonale Hochdruckphase bildet (75). Eine genaue Analyse des Phasendiagramms führten L.Barker und R.Hollenbach (76) anhand von Wellenprofilen durch, die sie bei der mit hoher Geschwindigkeit erfolgten Kollision von Eisenplatten erhielten. Die α–ε-Umwandlung ist mit einer Volumenänderung von 6% verbunden. Abb. 4.8 zeigt das für dynamische Messungen gültige Zustandsdiagramm von Eisen. Es ist interessant

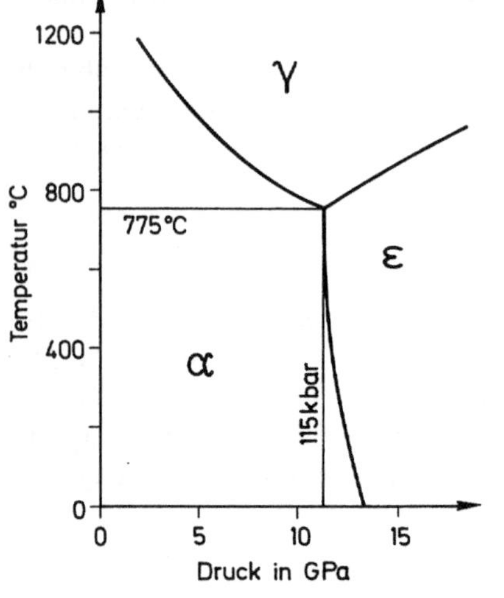

Abb. 4.8. Zustandsdiagramm von Eisen (nach dynamischen Messungen)

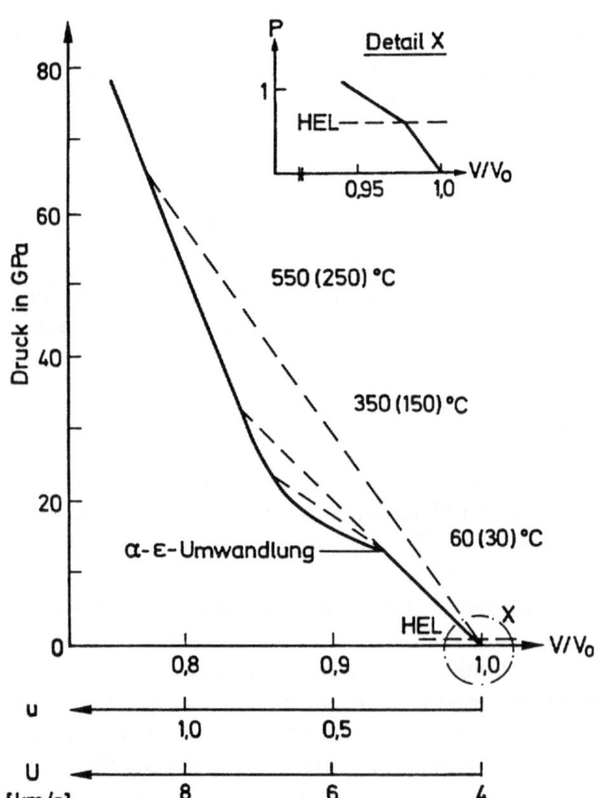

Abb. 4.9. Hugoniot-Kurve von Eisen und mögliche Bereiche für elastische und plastische Wellen

festzustellen, daß in einem unter Gleichgewichtsbedingungen erstellten Diagramm die Phasengrenzen um ca. 2 GPa zu kleineren Druckwerten verschoben sind.

Die für Eisen gültige Hugoniot-Kurve ist in Abb. 4.9 gezeigt. Bei Raumtemperatur findet die $\alpha-\varepsilon$-Umwandlung bei einem Druck von 13 GPa statt, was sich durch einen Knick in der Hugoniot-Kurve äußert. Man unterscheidet 5 unterschiedliche Druckbereiche:

a) Bei einem Druck bis 0,6 GPa existiert nur eine elastische Druckwelle, die sich mit Schallgeschwindigkeit ausbreitet. Der Druck von 0,6 GPa entspricht der Hugoniot-Elastischen Grenze von Eisen.
b) Zwischen 0,6 und 13 GPa existieren zwei Wellen, die elastische und eine plastische. Die elastische Welle breitet sich schneller aus als die plastische.
c) Zwischen 13 und 33 GPa existieren drei Wellen, nämlich eine schwache elastische, die bei einem Druck von 13 GPa auftretende plastische I- und eine langsamere plastische II-Welle.
d) Ab einem Druck von 33 GPa sind die Geschwindigkeiten der plastischen I-und II-Wellen gleich. Es gibt also nur eine plastische und eine schwache elastische Stoßwelle bis zu einem Maximaldruck von 66 GPa.
e) Bei Drücken, die größer als 66 GPa sind, übertrifft die Geschwindigkeit der plastischen Welle II die Ausbreitungsgeschwindigkeit der elastischen Welle. Es gibt dann nur noch eine Stoßwelle, deren Stoßwellengeschwindigkeit größer als die Schallgeschwindigkeit von Eisen ist.

Eine grob ausgebildete und im metallographischen Schliff gut sichtbare Zwillingsbildung ist auf Stoßwellen mit einem Druck bis 13 GPa beschränkt. Bei der bei höheren

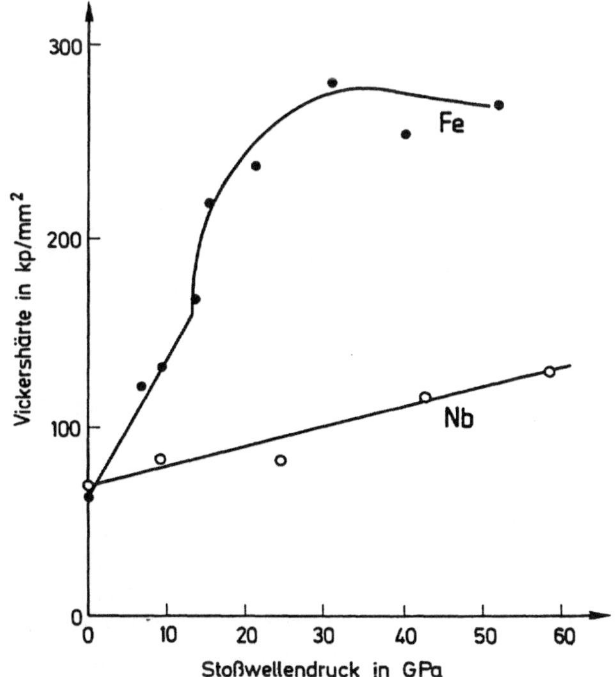

Abb. 4.10. Härte von Eisen und Niob nach Einwirkung einer Stoßwelle vom Druck P

Drücken dann einsetzenden Umwandlung bilden sich nadelförmige Markierungen entlang der {112}-Ebenen und die Versetzungsdichte steigt aufgrund der $\alpha-\varepsilon$- und der anschließend in der Entlastungswelle stattfindenden Rückumwandlung sprunghaft an (30). Entsprechend wird in diesem Bereich eine wesentliche Steigerung der Festigkeit und der Härte erzielt. Abb. 4.10 zeigt die Härte von Eisen und Niob. Während beim Eisen bei einem Stoßwellendruck von 13 GPa ein umwandlungsbedingter spontaner Härteanstieg beobachtet wird, tritt dieser bei Niob, welches keine Umwandlung aufweist, nicht auf.

Auch bei Titan wurde die Auswirkung von Phasenumwandlungen näher untersucht (73). Bei Drücken, die 20 GPa überschreiten, wird nach einer Stoßwellenbehandlung ein sprunghafter Anstieg der Festigkeitswerte festgestellt. Dieser wird auf die Bildung von Martensit im α-Titan aufgrund einer druckinduzierten α-β-Umwandlung mit anschließend erfolgender Rückumwandlung zur α'-Phase zurückgeführt.

4.4.5 Die Stoßwellenerwärmung

Die in Kap. 4.1 beschriebene Stoßwellenerwärmung des Festkörpers führt bei hohen Stoßwellendrücken zu derart hohen Resttemperaturen, daß die Rekristallisationstemperatur erreicht wird. Die Stoßwellenbehandlung von Eisen erfährt bei einem Druck von ca. 55 GPa ein Maximum der Härtezunahme; bei höheren Drücken setzt Erholung und Rekristallisation ein. Bei Drücken über 100 GPa kann je nach Wirkdauer des Drucks der Schmelzpunkt des Materials erreicht werden.

5 Herstellung explosivverdichteter Preßlinge

Von mehreren Verfahrensmöglichkeiten des explosiven Verdichtens von Pulvern hat das Direktverfahren die größte Bedeutung erlangt. Es verdankt seinen Namen der Tatsache, daß der hohe Detonationsdruck von Explosivstoffen über eine dünne Behälterwandung direkt auf das zu verdichtende Pulver einwirkt. Dadurch werden höchste Pressdichten ermöglicht. Es ergeben sich aber auch besondere Eigenheiten des Verfahrens. Die zu wählenden Parameter sind von entscheidendem Einfluß auf den Verdichtungsvorgang und damit auf das erzielte Resultat.

Es zeigt sich insbesondere, daß nicht wie zunächst zu erwarten wäre die höchsten Drücke auch zu den höchsten Pressdichten führen, sondern daß vielmehr eine Anpassung des zu wählenden Verdichtungsdruckes (Stoßwellendruckes) an das zu verdichtende als Pulver vorliegende Material zu erfolgen hat.

5.1 Der Verdichtungsvorgang

Die einfache Anordnung zum Direktverdichten ist in Abb. 5.1 gezeigt. Im Inneren eines dünnwandigen Metallrohres befindet sich das zu verdichtende Metall- oder Keramikpulver. Das Metallrohr ist an der Außenseite mit einer gleichmäßigen Sprengstoffschicht ummantelt. Die an der Oberseite über den Probenumfang gleichzeitig eingeleitete Detonation läuft in axialer Richtung über das Rohr hinweg, wobei sich die Geschwindigkeit dieses Vorganges nach der für den Sprengstoff charakteristischen Detonationsgeschwindigkeit richtet.

Der in der Detonationsfront erzeugte hohe Druck führt zum Zusammendrücken des Rohres und damit zur Verdichtung des im Inneren befindlichen Pulvers. Die auf die Behälterwandung einwirkenden Drücke sind in Tabelle 4.1 für die wichtigsten Explosivstoffe angegeben. Diese Anordnung wird seit mehr als 2 Jahrzehnten in unveränderter Form benutzt, teils für wissenschaftliche Untersuchungen zum Materialverdichten unter höchsten Drücken, teils in der Fertigung (77–94). So untersuchten z.B. Yu.Riabinin das Materialverhalten beim explosiven Verpressen in zylindrischer Anordnung (91) und Y.Nomura (87) sowie W.Porembka und C.Simons (84,88) stellten zylindrische Brennstäbe aus Uranoxidpulver durch Explosivverdichten her.

5.1.1 Bedeutung der Stoßwellenfront

Vielfach wurde versucht, die Verhältnisse beim Explosivverdichten nach dem Direktverfahren in derselben Weise zu beleuchten, wie dies beim statischen Pressen üblich ist, d.h. daß man die vom Explosivstoff entwickelte Energie mit der Arbeit gleichsetzte, die

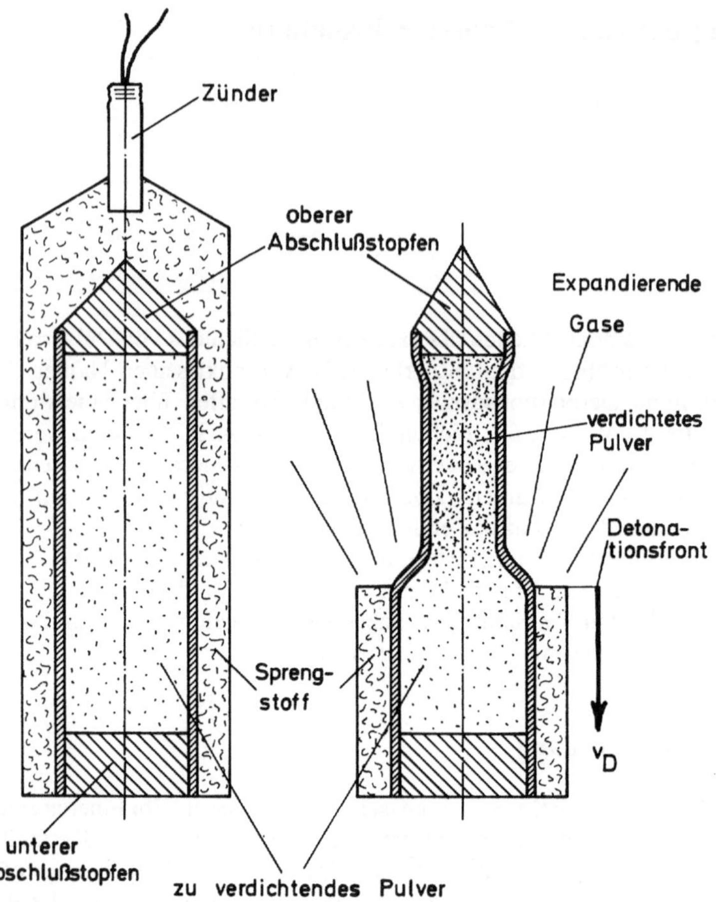

Abb. 5.1. Anordnung zur explosiven Direktverdichtung pulverförmiger Substanzen; links = vor der Initiierung, rechts = danach (nach Prümmer)

notwendig ist, um ein Pulver der Ausgangsdichte ϱ_0 auf die Dichte $\varrho > \varrho_0$ zu verpressen. Es wurde dann aber bald erkannt, daß die Geschwindigkeit der Energiefreisetzung für die Art der Stoßwellenausbildung maßgebend ist. Die Stoßwelle durchläuft das Pulver mit hoher Geschwindigkeit, wobei in der Stoßwellenfront die Verdichtung des Pulvers stattfindet. Man spricht aus diesem Grund auch von einer Verdichtungswelle. Ihre Form beim Fortschreiten von der Behälterwandung zum Inneren der zylindrischen Probe ist von ausschlaggebender Bedeutung dafür, ob eine homogene Dichte im zylindrischen Preßling erhalten wird oder nicht (94). Die Behälterwandung bewirkt lediglich die Druckübertragung auf das Pulver. Während die Stoßwelle zum Zentrum der zylindrischen Probe fortschreitet, ändert sich deren Intensität. Hierfür sind zwei einander entgegengerichtete Prozesse verantwortlich:

a) Während die Verdichtungswelle das Pulver durchläuft, treten plastische Verformungsprozesse bei duktilen und Zerkleinerungsprozesse bei spröden Werkstoffen auf. Die dafür aufzuwendende Arbeit geht der Stoßwellenintensität verloren, bis schließlich der Druck nicht mehr ausreicht, die Welle zum Stehen kommt und im Kern unverdichtetes Material übrigbleibt.

b) Bei der von außen auf die zylindrische Probe eingeleiteten Welle handelt es sich um eine solche konvergierender Art. Je mehr sich die Wellenfront dem Zentrum der zylindrischen Probe nähert, um so mehr nimmt der Druck zu. Mit zunehmendem Druck ist nach Gl. 3.3 auch eine Zunahme der Wellengeschwindigkeit U verbunden.

Eine mit dem Fortschreiten zum Probeninneren hin veränderliche Stoßwellengeschwindigkeit bewirkt eine laufende Änderung der Richtung der Stoßwellenfront. Die Neigung dieser um den Winkel α gegenüber der Probenachse ergibt sich aus der Detonationsgeschwindigkeit v_D und der Stoßwellengeschwindigkeit U zu

$$\cos\alpha = U/v_D. \tag{5.1}$$

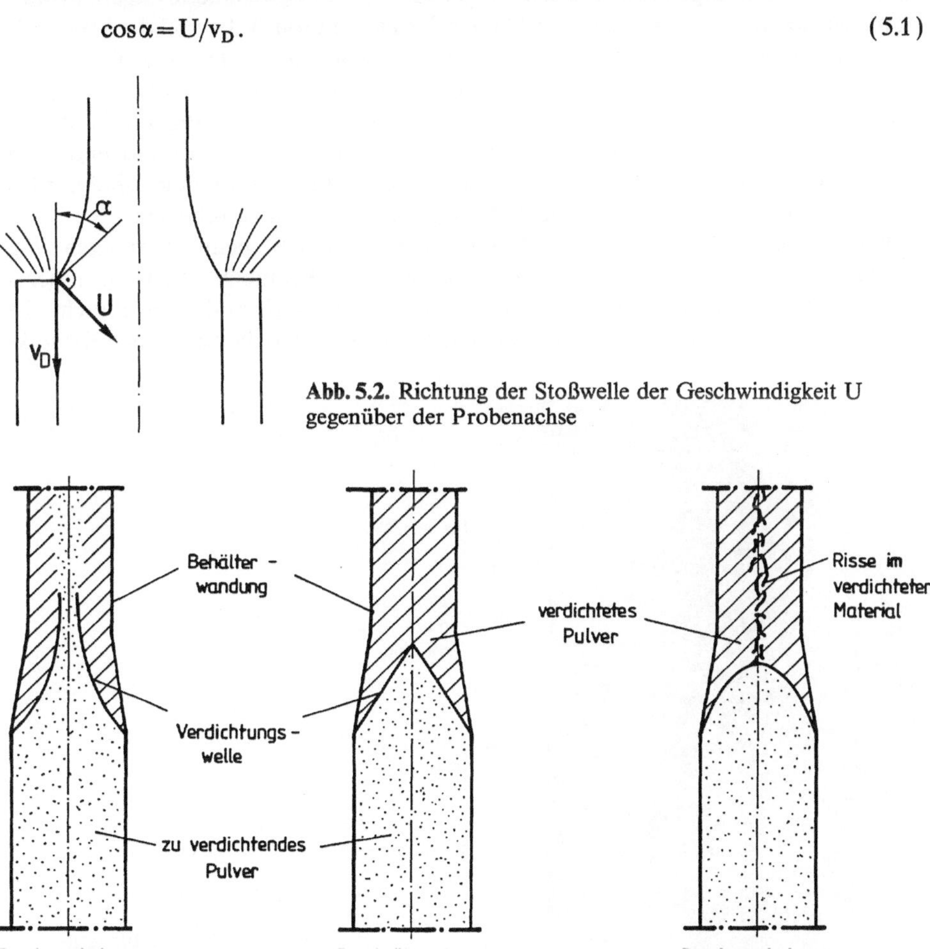

Abb. 5.2. Richtung der Stoßwelle der Geschwindigkeit U gegenüber der Probenachse

Abb. 5.3a–c. Verschiedene Formen der Stoßwellenfront beim Explosivverdichten. In Richtung **a→b** ist die Explosivstoffmenge und/oder deren Detonationsgeschwindigkeit (Druck) zunehmend (nach Prümmer, 94)

Die Stoßwellenfront ändert also ihre Richtung beim Fortschreiten gegen das Probenzentrum, wenn sich beim Annähern an das Zentrum der zylindrischen Probe der Druck und damit nach Gl. 3.5 auch die Stoßwellengeschwindigkeit ändert. Die drei möglichen Fälle sind in Abb. 5.3 wiedergegeben. Bei abnehmendem Druck ergibt sich die zum Zentrum der zylindrischen Probe „aushungernde Verdichtungswelle". Bei zunehmendem Druck kann die Stoßwelle im Probenzentrum die Detonationsgeschwindigkeit errreichen. Der Idealfall liegt vor, wenn sich die Wirkungen von Absorption und Konvergenz kompensieren und über den Probenquerschnitt ein konstanter Druck in der Stoßwelle vorliegt, wie im mittleren Teil der Abb. 5.3. Dem entspricht eine Hohlkegelform der Stoßwellenfront.

Die verschiedenen Formen der Stoßwellenfront können mit Hilfe einer Röntgenblitzkamera sichtbar gemacht werden (90,94,95). Abb. 5.4 gibt eine Röntgenblitzaufnahme wieder, die während des Durchgangs der Detonationswelle und der Stoßwelle im Pulver bei einer Belichtungszeit von 120 ns gewonnen wurde (97). Bei diesem Beispiel handelt es sich um den Idealfall einer Stoßwellenfront mit Hohlkegelausbildung. Da eine Belichtung sowohl vor, als auch während des Durchgangs der Stoßwelle vorgenommen wurde, sind die Behälterwandungen im Ausgangszustand und nach dem Passieren der Stoßwelle sichtbar. Derartige Röntgenblitzaufnahmen sind nur bei Substanzen möglich, die im Röntgenlicht noch „transparent" erscheinen.

Bei röntgenographisch „dichten" Substanzen, wie z.B. beim Verdichten von Wolfram- oder Superlegierungs-Pulvern wurde von R.Prümmer (98) ein anderes Verfahren entwickelt: im Pulver werden mehrere elektrische Kontakte angebracht, die beim Durchgang der Stoßwelle schließen. Die Laufzeiten zwischen einzelnen Kontak-

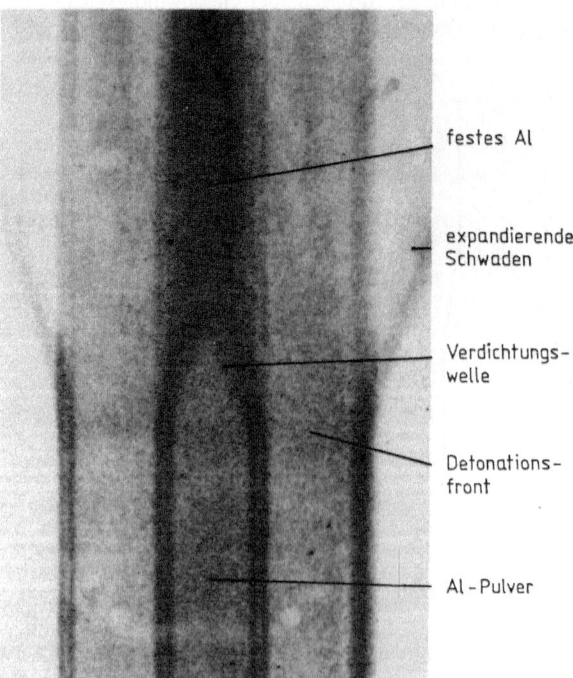

Abb. 5.4. Röntgenblitzaufnahme der Stoßwellenfront während einer Explosivverdichtung von Al-Pulver: Hohlkegelform der Stoßwellenfront. (Belichtungszeit: ca. 120 ns) (97)

ten werden mittels eines Oszillographen gemessen. Bei der Untersuchung der Stoßwellenfront beim Verdichten von Wolframpulver (98) konnte nachgewiesen werden, daß eine hohlkegelige Ausbildung der Stoßwellenfront zu einer gleichmäßigen Dichteverteilung über den Querschnitt des erhaltenen zylindrischen Wolframstabes führt.

Nach Gl. 5.1 ergibt sich bei einer Neigung der Stoßwellenfront von $\alpha = 33°$ und der im Versuch vorliegenden Detonationsgeschwindigkeit von $v_D = 3435$ m/s eine Stoßwellengeschwindigkeit der Verdichtungswelle von 1870 m/s. Die Schallgeschwindigkeit von Wolfram beträgt demgegenüber 4470 m/s.

Einen versuchstechnisch sehr aufwendigen Weg der Untersuchung gingen Forscher der USSR (90,99,100): In das zu verdichtende Pulver wurden Scheiben sowie Drähte aus 0,1 mm starkem Blei eingesetzt. Hierdurch ist es möglich, durch mehrere Röntgenblitzaufnahmen während des Durchgangs der Stoßwelle die Partikelgeschwindigkeit hinter der Verdichtungsfront an verschiedenen Stellen der zylindrischen Probe zu bestimmen.

Wenn zu hohe Explosivparameter beim Verdichtungsvorgang eingesetzt werden (d.h. zu große Explosivstoffmenge und/oder ein Explosivstoff mit zu hoher Detonationsgeschwindigkeit), dann kommt es im Probenzentrum zur Ausbildung eines scharf begrenzten Bereiches mit sehr hoher Partikelgeschwindigkeit bis ca. 3300 m/s, während im übrigen Bereich in der Nähe der Zylinderwandungen Partikelgeschwindigkeiten bis maximal 850 m/s ermittelt werden. Eine versuchstechnisch einfache Methode zur Bestimmung der Partikelgeschwindigkeit beim Explosivverdichten pulvriger Substanzen wurde von A.Dremin (101) beschrieben. Hierzu wird in

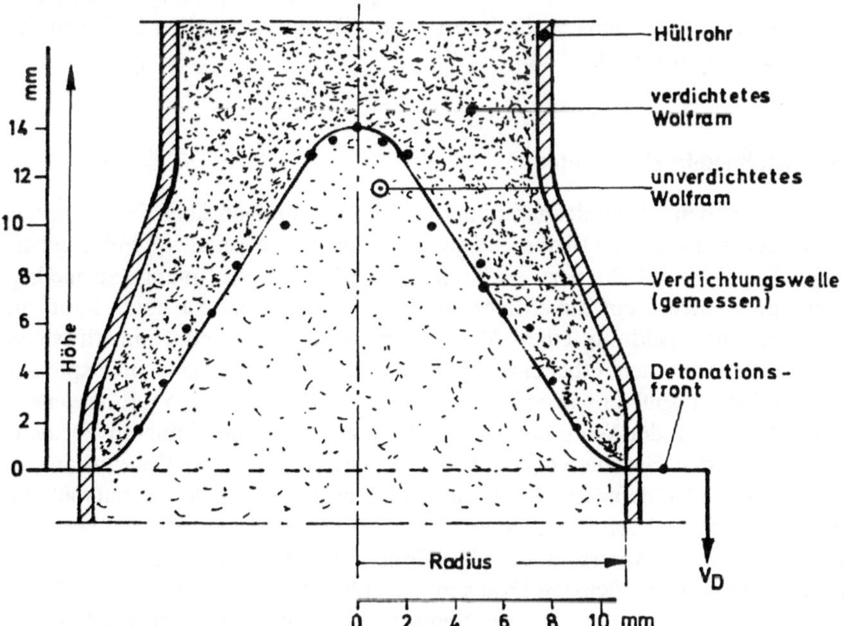

Abb. 5.5 Mit elektrischen Kontakten gemessene Front der Verdichtungswelle im Wolframpulver während des Explosivverdichtens in zylindrischer Anordnung (98)

der zu verdichtenden Substanz ein isolierter elektrischer Leiter angebracht und die Explosivverdichtung im Magnetfeld ausgeführt. Der im Leiter induzierte Spannungsstoß wird mittels eines Oszillographen erfaßt und ist der Partikelgeschwindigkeit proportional. Derartige Versuche wurden von G.Adadurov (89) zur Bestimmung der Partikelgeschwindigkeit und der Stoßwellenform angewandt. Hierbei konnte die von Deribas und Mitarbeitern (90,96,99,100) ermittelte Schockwellenkonfiguration mit homogener Verteilung der Partikelgeschwindigkeit über den Querschnitt bei entsprechend großen Ladungen der Zylinderprobe nachgewiesen werden.

Wenn eine inhomogene Verteilung der Partikelgeschwindigkeit hinter der Stoßwellenfront in zylindrischen Proben vorliegt, ist eine gleichmäßige Dichteverteilung im Pressling in Frage gestellt. Eigene Beobachtungen decken sich mit denen anderer Autoren (89,90,95,99), wonach bei dieser Konfiguration der Stoßwelle die im Zentrum auftretenden höchsten Drücke Aufschmelzungen bewirken, die bei Pulvergemengen zu Vermischungen führen und im Extremfall in der verdichteten zylindrischen Probe einen Hohlkanal im Zentrum hinterlassen.

Eine exakte Beschreibung dieses Extremfalles der Bildung einer Mach-Reflexion im Zentrum einer zylindrischen Probe wurde anhand von Versuchen mit der Einleitung zylindersymmetrischer Stoßwellen in Kupfer, Eisen und Aluminium (102) sowie in Wasser (103,104) gegeben. Es kommt zur Ausbildung einer stabilen Stoßwellenkonfiguration mit Hohlkegelanordnung und einer „Machschen Scheibe“ im Zentrum. Diese bewegt sich mit Detonationsgeschwindigkeit in axialer Richtung. In dem Bereich der Machschen Scheibe ist die Stoßwellengeschwindigkeit U gleich der Detonationsgeschwindigkeit v_D. Die Kenntnis der Partikelgeschwindigkeit u und der gleichzeitigen Stoßwellengeschwindigkeit U erlaubt die Berechnung des Drucks nach Gl. 3.3 in der Stoßwellenfront der Machschen Scheibe. Die Anordnung ist geeignet, das Materialverhalten bei höchsten Drücken (wie z.B. mit Kupfer bei Drücken bis 200 GPa geschehen) zu untersuchen.

5.1.2 Kennzeichnende Parameter

Die im vorausgehenden Abschnitt geschilderten Untersuchungen über die Form der Stoßwelle in einer zylindrischen Probe sind geeignet, eine ganze Reihe von Fehlerscheinungen beim Explosivverdichten zu erklären: ist die Explosivstoffmenge zu niedrig gewählt, tritt im Zentrum ein unverdichteter Bereich auf; ist sie zu hoch, kann im Zentrum infolge der Bildung einer Machschen Scheibe Material im flüssigen Zustand ausgeworfen werden. Über eine Reihe von Fehlerscheinungen beim Explosivverdichten von Wolframpulver wurde bereits ausführlich berichtet (105). Eine weitere Schwierigkeit besteht in der Wahl der Art der Explosivstoffe. Bei früheren Verdichtungsversuchen wurden fast ausschließlich Explosivstoffe mit hoher Detonationsgeschwindigkeit verwendet, da nach Gl. 4.4 solche auch die höchsten Drücke entwickeln. Es wurden somit auch die höchsten Dichten in den Preßlingen erwartet. Nicht beachtet wurde dabei, daß unter Anwendung hoher Drücke der bereits verpresste Körper zusätzlich elastisch und bei höchsten Drücken auch plastisch komprimiert wird. Nach Passieren der Detonationswelle und damit eintretender plötzlicher Druckentlastung nimmt die Probe in diesem Fall rasch ein größeres Volumen ein: sie springt auf wie eine gespannte Feder. Die im Zentrum der Probe zusammenlaufenden und wie an einer starren Wand reflektierten Druckwellen werden an der Außenfläche der zylindrischen Probe erneut reflektiert und laufen als Zugwellen zum Probenzentrum zurück. Dort werden Risse erzeugt, da die zurücklaufenden Zugwellen auf ähnliche Weise miteinander interferieren, wie in Kap. 3.2 beschrieben wurde.

So wurde bei allen in der Praxis ausgeführten Verdichtungen bisher als alleiniger Parameter das Verhältnis E/M aus der Explosivstoffmenge E und der zu verdichtenden Pulvermenge M verwendet (78,81,95,100,106–108). Dabei wurde angenommen, daß das Vorliegen einer Unter- oder einer Überverdichtung lediglich eine Frage der Ladungsgröße sei. Eine lineare Beziehung zwischen dem E/M-Verhältnis, das zu einer gleichmäßigen Dichteverteilung über den Querschnitt der Preßlinge führt, und der Druckfließgrenze des Materials, das es als Pulver zu verdichten gilt, wurde von R.Leonard, D.Laber und V.Linse (95) angegeben. Es wird ein Bereich für E/M von 0,2 für Aluminium bis 1,22 für Nickel erhalten.

Allein durch Optimierung des E/M-Verhältnisses sind jedoch nicht in jedem Fall Proben mit homogener Dichteverteilung erhältlich. Beispielsweise ist in Abb. 6.6 der Querschnitt eines aufgeschnittenen Preßlings wiedergegeben, der durch explosives Verdichten von Udimet-700-Pulver erhalten wurde. Wie man sieht, sind die Randbereiche teilweise verdichtet. Nach innen folgt dann ein poröser Bereich, in welchem die Pulverteilchen ohne jegliche Bindung sind und leicht entfernt werden können. Es schließt sich dann ein vollkommen verdichteter Bereich im Probenzentrum an. Das Diagramm gibt den normierten Druckverlauf vom Rand bis zum Zentrum wieder, der sich aus der hier geringen, dem Druck proportionalen Absorption und der geometrisch bedingten Konvergenz der Stoßwelle ergibt. Es handelt sich bei diesem Udimet-Pulver um ein solches, welches die Stoßwelle nur wenig absorbiert. Hierbei finden nur geringfügige plastische Deformationen statt, da die Teilchen nahezu ideale Kugelgestalt haben. So ist es erklärbar, daß trotz eines porösen Bereichs in der mittleren Zone bei $R = R_0/2$ eine vollkommene Verdichtung im Kernbereich erzielt wird. Derartige qualitative Betrachtungen für Pulversorten mit unterschiedlichen Absorptionseigenschaften sind von R.Prümmer (94,110) beschrieben worden und sind geeignet, die für eine Korrektur des Verdichtungsvorganges erforderlichen Maßnahmen zu treffen.

In dem geschilderten Fall kann eine über den ganzen Probenquerschnitt homogene Verdichtung nur dann errreicht werden, indem der auf die Behälterwandung einwirkende Druck erhöht wird. Es ist also ein Explosivstoff zu verwenden, welcher eine höhere Detonationsgeschwindigkeit aufweist, als der in dem geschilderten Fall angewandte.

Im Verlauf umfangreicher Untersuchungen (94,97,110,111) unter Berücksichtigung des Einsatzes von Explosivstoffen mit unterschiedlicher Detonationsgeschwindigkeit konnte dann gezeigt werden, daß für jedes zu verdichtende Pulver ein optimaler Druck existiert, der zu einer maximalen Dichte im Preßling führt. Hierzu wird in ein Diagramm (Abb. 5.7), das als Ordinate das E/M-Verhältnis und als Abszisse das Quadrat der Detonationsgeschwindigkeit (dem Druck portionale Größe, siehe Kap. 4.3) enthält, sämtliche Parameter der über- und unterverdichteten Proben eingetragen. Die hyperbelförmige Trennlinie zwischen über- und unterverdichteten Proben ist der Bereich der Parameter, welche zylindrische Preßlinge mit homogener Dichte ergeben. Im unteren Teil der Abbildung wird die an den Preßlingen nach der Auftriebsmethode ermittelte Dichte der homogenen Proben ebenfalls in Abhängigkeit vom Quadrat der Detonationsgeschwindigkeit aufgetragen. Es ergibt sich erwartungs-

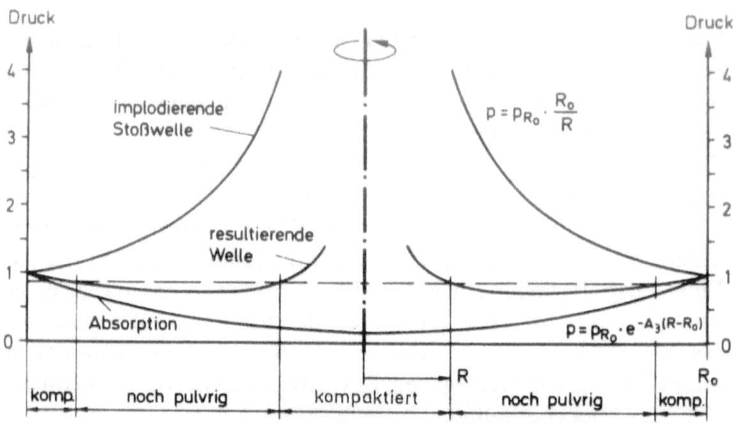

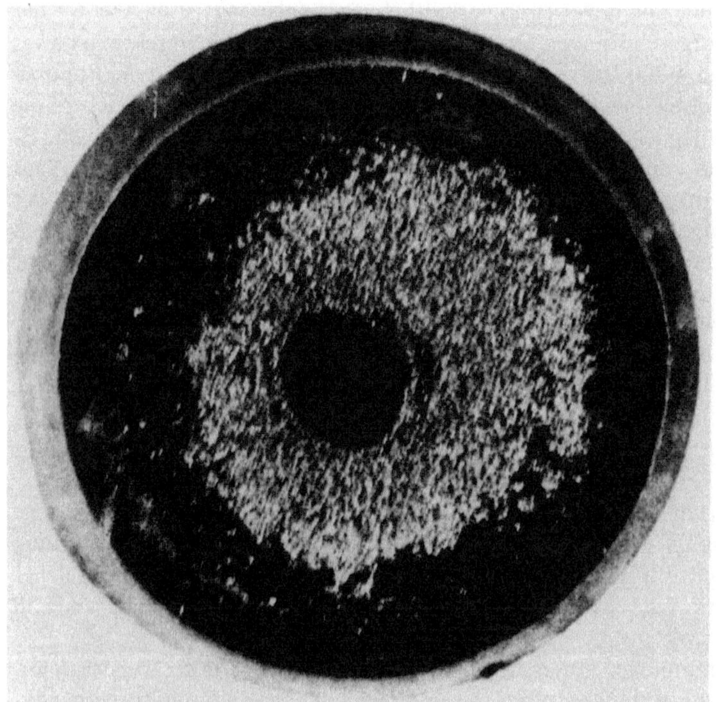

Abb. 5.6. Zur Veranschaulichung des Druckverlaufs bei Fortschreiten der Stoßwellen von außen zum Zentrum; Querschnitt einer aus Udimet-700-Pulver verdichteten zylindrischen Probe

gemäß zunächst eine Zunahme der Preßdichte mit dem Druck und dann anschließend allerdings wieder eine Abnahme. Dieser Verlauf zeigt den Einfluß einer Überverdichtung: infolge einer bei zu hohem Druck in das Probeninnere wie vorab beschrieben zurücklaufenden Zugwelle wird der Verbund der einzelnen Teilchen, der kurz zuvor zwar bestand, wieder gelöst. Dieses Wiederaufreißen der zuvor zwischen den einzelnen

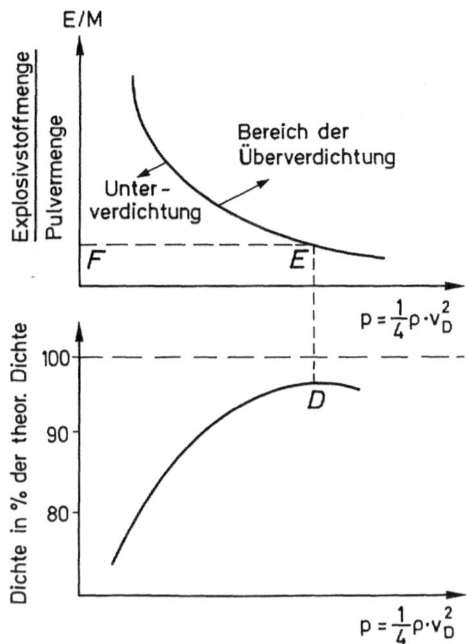

Abb. 5.7. Zur Ermittlung der optimalen Parameter des Explosivstoffes beim Explosivverdichten

Teilchen zustandegekommenen Verbindungen tritt um so ausgeprägter in Erscheinung, je mehr der Detonationsdruck den Wert übersteigt, der der maximalen Dichte im unteren Teil der Abb. 5.7 entspricht. Die mit dem Druck abnehmende Dichte des Preßlings wurde auch von E.Paschkov et al. (112) beobachtet und als anomale Kompressibilität bezeichnet.

Das Vorgehen bei der experimentellen Bestimmung der Parameter besteht also darin, zunächst das obere Diagramm zu erstellen, indem unter Verwendung von Explosivstoffen mit variabler Detonationsgeschwindigkeit und Einsatz derselben in verschiedenen E/M-Verhältnissen über- und unterverdichtete Proben voneinander abgegrenzt werden. An dem Teil der Proben, welche eine homogene Verteilung der Verdichtung aufweisen (festgestellt aufgrund von Härtemessungen) werden Dichtebestimmungen durchgeführt. Es wird aus dem damit erstellten unteren Teil der Abb. 5.7 diejenige Detonationsgeschwindigkeit ermittelt, bei der ein Dichtemaximum auftritt (Punkt D). Über Punkt E erhält man dann das bei Punkt F abzulesende optimale Explosivstoff-Pulver-Mengenverhältnis E/M.

Untersuchungen mit verschiedenen Pulvern und auch an Pulvermischungen durchgeführte Parameterbestimmungen führen zu ähnlichen Verläufen der E/M-v_D^2- und Dichte-v_D^2-Verteilungen, wobei je nach zu verdichtendem Material das Maximum der Dichtekurve bei größeren und kleineren Werten liegt. Abb. 5.8 gibt solche experimentell ermittelte Kurvenscharen wieder.

Es ergeben sich je nach Material erhebliche Unterschiede im Verlauf des E/M-Druck- und Dichte-Druck-Zusammenhangs. So bedarf es für das Explosivpressen von Aluminiumpulver nur eines kleinen Druckes von ca. 1 GPa und eines kleinen E/M-Verhältnisses, während z.B. das legierte Stahlpulver zur Verdichtung einen hohen Druck von ca. 7 GPa bei einem wesentlich höheren E/M-Verhältnis erfordert.

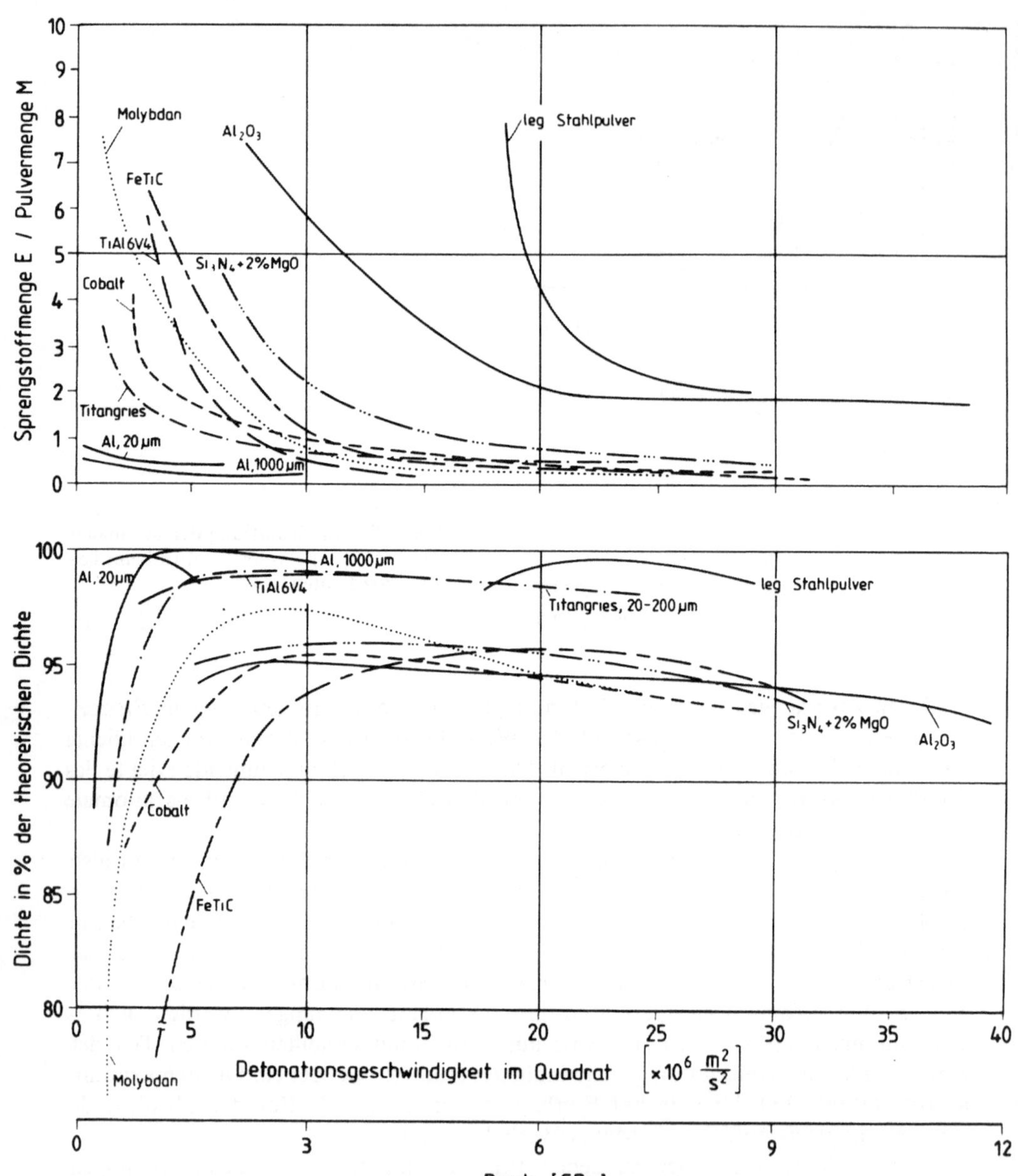

Abb. 5.8. Für verschiedene Metall- und Keramik-Pulver und -Mischungen gültige Verdichtungskurven (110)

Tabelle 5.1 faßt die Ergebnisse entsprechender Untersuchungen (94) an verschiedenen Pulvern zusammen. Es werden durchweg Dichten der Preßlinge erzielt, die mehr als 95 % der theoretischen Dichte entsprechen. Außerdem ist auffallend, daß zwei Aluminium-Pulver mit unterschiedlichen Korngrößen beim Explosivverdichten ein wesentlich voneinander abweichendes Verhalten aufweisen. Ähnliche Befunde, näm-

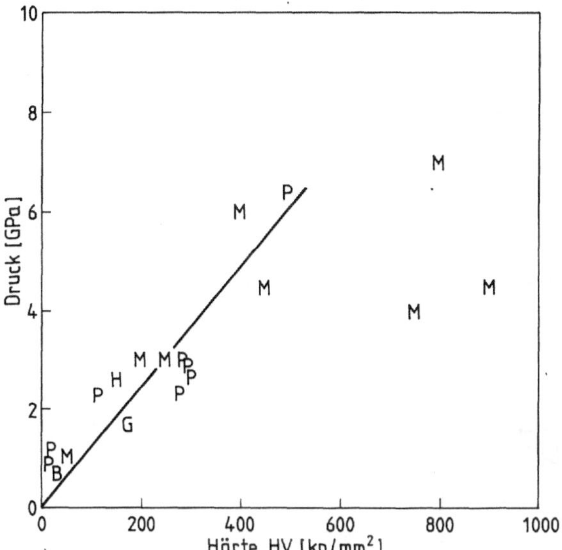

Abb. 5.9. Zusammenhang zwischen dem zur Explosiv- und dynamischen Verdichten erforderlichen Druck und der Härte der Pulverteilchen von metallenen Werkstoffen

lich ein Korngrößeneinfluß, wurden auch beim Verdichten von Al_2O_3-Pulvern erhalten (113). Auf diese Abhängigkeit des Verdichtungsprozesses von der Korngröße und auch der Kornform des zu verdichtenden Pulvers wird in den weiteren Kapiteln noch eingegangen.

Trägt man den für eine optimale Verdichtung erforderlichen und aus Abb. 5.8 entnommenden Druck gegen die Härte des zu verdichtenden Materials auf (die Härte wurde an den Pulverteilchen ermittelt), dann ergibt sich näherungsweise ein linearer Zusammenhang. Abb. 5.9 zeigt diesen für die untersuchten metallene Werkstoffe. Ebenfalls in das Diagramm aufgenommen sind Werte, die auf physikalisch völlig anderem Wege beim Verdichten in einer Gaskanone (siehe Kap. 2.6) direkt gemessen wurden.

Die Übereinstimmung der nach beiden Methoden gefundenen Werte ist im Rahmen der Streuung der Meßwerte recht gut. Bei Härtewerten der Pulverteilchen größer als 800HV wird eine Abweichung vom linearen Zusammenhang zu kleineren Druckwerten beobachtet.Eine Erklärung hierfür wird später gegeben.

Aufgrund der gefundenen linearen Beziehung (Abb. 5.9) zwischen dem Verdichtungsdruck und der Härte des zu verdichtenden Materials ergibt sich für die Detonationsgeschwindigkeit, die mindestens vorliegen muß, damit optimale Dichten in metallenen Preßlingen erzielt werden, die Beziehung:

$$v_{D\,min} = 2\sqrt{\frac{1{,}2 \cdot HV}{\varrho_0}} \tag{5.2}$$

Tabelle 5.1. Explosiv verdichtete Materialien und erzielte Dichten

Material	Reinheit	Mittlere Korngröße	Theoretische Dichte ϱ TD in [g/cm³]	Rütteldichte ϱ_P		Dichte des Preßlings ϱ_1	
				in [g/cm³]	in [%] der TD	in [g/cm³]	in [%] der TD
Wolfram	97%	2–10 µm	19,3	8,76	45,6	18,80	97,4
Aluminiumpulver	99,7%	10–160 µm	2,7	1,54	57,0	2,708	99,9
Aluminiumgrieß	98%	10 µ–2 mm	2,7	1,59	59,0	2,69	99,8
Eisen	98%	1 µm	7,86	3,45	44,0	7,76	98,7
Ferrotic	Stahl : TiC 1 : 1	3 µm	6,55	3,65	55,8	6,26	95,6
Al_2O_3	99,3%	5 µm	3,94	2,32	59,0	3,75	95,5
ZrO_2	91,4% + 5% CaO		5,4	2,85	53,0	5,3	98,0
α-Si_3N_4	96%, + 2% MgO	3 µm	3,18	1,66	52,3	3,06	96,3
B_4C	97%	0–90 µm	2,51	1,56	62,4	2,45	97,7
B_4C	98%	0–300 µm	2,51	1,75	70,0	2,50	99,6
Legiertes Stahlpulver	Stahl S-6-5-2	0,03–1,0 mm	8,00	6,11	76,4	7,95	99,4

wobei HV die Vickershärte der Pulverteilchen und ϱ_0 die Dichte des Explosivstoffes ist. Mit Hilfe dieser Beziehung ist es möglich, die Art des Explosivstoffes beim Explosivverdichten der Eigenschaft des zu verdichtenden Pulvers in gewissen Grenzen anzupassen.

Obwohl die Gültigkeit der Beziehung 5.2 dadurch eingeschränkt ist, daß Einflußfaktoren wie die Packungsdichte des Pulvers, dessen Korngröße und -form sowie deren Verteilung nicht berücksichtigt sind, hat sie sich in der Praxis gut bewährt. Es versteht sich auch von selbst, daß beim Explosivverdichten dünnwandige Behälter verwendet werden sollten. Gelegentlich werden dickwandige Rohre als Behältnis für das Pulver mit dem Ziel verwendet, in der Wandung des Rohres zunächst die Stoßwelle konvergieren zu lassen, ehe sie dann bei höherem Druck auf das Pulver einwirkt (115). Eine Berücksichtigung der plastischen Verformungsarbeit bei der Verwendung von dickwandigen Behältern zum Explosivverdichten wird von H.Wolf experimentell vorgenommen (116).

5.1.3 Modellierung mit Hilfe der Methode der finiten Differenzen

Dynamische Vorgänge können nach der Methode der finiten Differenzen mit Computern simuliert werden. Dazu wird der interessierende Bereich in ein Netz aufgelöst. Entsprechende Berechnungen der Vorgänge beim Explosivschweißen und Explosivverdichten wurden von M.Wilkins vorgenommen. Es handelt sich um ein zweidimensionales Computerprogramm „HEMP“ (117). Zur Aufstellung des Kräftegleichgewichtes werden die Hugoniot-Daten des Pulvers in der Art benötigt, wie z.B. in Kap. 4.2 für eine Aluminiumlegierung und für Aluminiumoxid geschildert wurde. Bei höheren Drücken als dem Verdichtungsdruck kann ersatzweise mit den entsprechenden Zustandsgrößen des Festkörpers gerechnet werden. Für den einfacheren Fall einer Verdichtung in ebener Anordnung wurde dieses System von C.Hoenig et al. verwendet (118).

Abbildung 5.10 zeigt das Lagrange-Netz für die Verdichtung in zylindrischer Anordnung von Kupferpulver im Bereich der Verdichtungsfront (119). Es ergibt sich eine nahezu hohlkegelförmige Verdichtungsfront, welche zur Verdeutlichung ausgezogen ist. Die Lage der 100. Lagrange Koordinate läßt anhand dieses Beispieles erkennen, daß der Verdichtungsvorgang über den Querschnitt der zylindrischen Probe inhomogen ist.

Dieser Sachverhalt wird aus Abb 5.11 deutlich, in welcher die Materialgeschwindigkeiten wiedergegeben sind. Im Zentrum der zylindrischen Probe wird eine Materialgeschwindigkeit von mehr als 1100 m/s ermittelt. Es liegt also eine deutliche Stoßwelleninterferenz von der Art wie in in Kap. 5 beschrieben vor.

Bei diesem Beispiel der Verdichtung von Kupfer bei einer Detonationsgeschwindigkeit von 5170 m/s und einem E/M-Verhältnis von 1,18 ist nach den in Kap. 5.1.2 getroffenen Feststellungen tatsächlich mit einer Überverdichtung zu rechnen.

Die Methode der Berechnung der Parameter zum Explosivverdichten ist also ebenso dazu geeignet, die dynamischen Vorgänge beim Durchlaufen der Stoßwelle während des Verdichtungsvorganges zu beschreiben. Sie erweist sich nicht sehr davon abhängig, welche Zustandsgrößen für das dynamische Verhalten des Pulvers verwendet werden. Jedoch spielt offensichtlich die nach dem Durchlaufen der Stoßwelle im

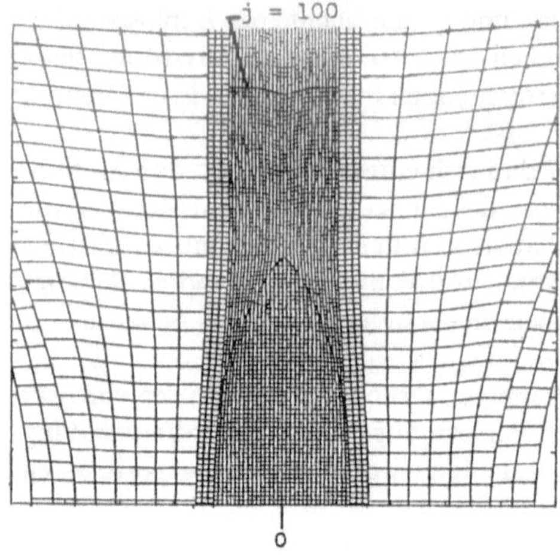

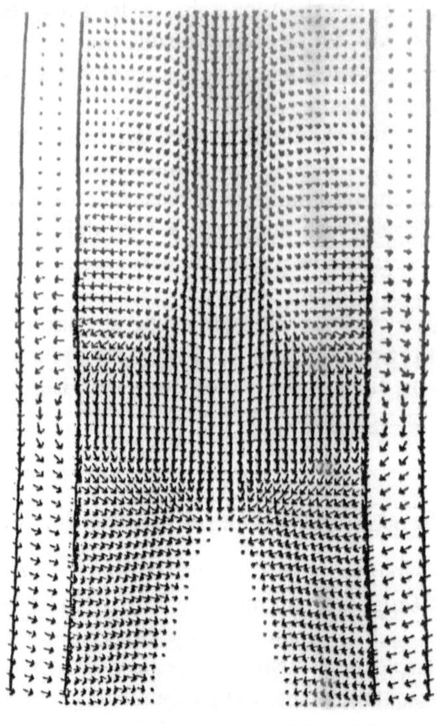

Abb. 5.10 Lagrange Netz einer Explosivverdichtung von Kupferpulver mit PETN-Explosivstoff ($v_D = 5170$ m/s); die Detonationsrichtung weist im Bild von oben nach unten

Abb. 5.11. Materialgeschwindigkeiten hinter ▶ der Stoßwellenfront über den Probenquerschnitt beim Explosivverdichten von Kupfer (wie in Abb. 5.10)

Preßling erzielte Festigkeit eine entscheidende Rolle für die sich ergebenden Partikelgeschwindigkeiten in verschiedenen Bereichen der zylindrischen Probe. Diese Größe wird allerdings erst im Experiment erhalten. Deshalb sind bei der Berechnung zunächst Annahmen erforderlich. Die Methode der Simulation des Verdichtungsvorganges nach der Methode der finiten Differenzen ist für die Praxis des Explosivverdichtens deshalb von Bedeutung, weil mit Hilfe eines ersten Kalibrierschusses die anschließende Optimierung der Verdichtungsparameter rechnerisch erfolgen kann. Weitere Forschungsarbeiten zu dieser Thematik sind wünschenswert. Es ist interessant festzustellen, daß M.Wilkins und C.Cline (119) aufgrund ihrer Berechnungen zu der Folgerung kommen, daß für eine optimale Verdichtung Explosivstoffe mit niedrigerer Detonationsgeschwindigkeit einzusetzen sind. Diese Feststellung deckt sich mit den auf experimentellem Wege von R.Prümmer ermittelten und in Kap. 5.1.2 geschilderten Parametern.

5.1.4 Explosiv-Heiß-Pressen (HEP)

Sehr harte metallene oder keramische Werkstoffe erfordern beim Explosivpressen hohe Drücke und auch den Einsatz größerer Explosivstoffmengen. Entsprechend stark kann dann allerdings auch die in Kap. 5.1.2 beschriebene und zu Bindefehlern führende Entlastungswelle sein. Es besteht dann die Gefahr, daß rißbehaftete Preßlinge erhalten werden.

In vielen Fällen kann hierbei durch ein Verpressen in erhitztem Zustand Abhilfe geschaffen werden. Eine in erhitztem Zustand vorliegende geringere Härte der Pulverteilchen bewirkt nach Kap. 5.1.2, Gl. 5.1 die Möglichkeit, beim Explosivverdichten mit Explosivstoffen geringerer Detonationsgeschwindigkeit auszukommen. Außerdem besteht die Möglichkeit, diese in geringerer Menge anzuwenden.

Da allerdings Explosivstoffe sich beim Erwärmen auf höhere Temperaturen ($T > 300°C$) zersetzen und zudem die Gefahr einer Verbrennung oder gar Detonation besteht, ist zunächst eine räumliche Trennung zwischen der erhitzten, das Pulver enthaltenden Kapsel und dem Explosivstoff erforderlich. Eine entsprechende einfache Vorrichtung zur Zusammenführung beider kurz vor der Initiierung des Explosivstoffes wurde von R.Prümmer beschrieben (120). Mit Hilfe dieser Apparatur durchgeführte Versuche des Heißverdichtens von Karbonyleisenpulver bei einer Temperatur von 800° C ergaben Preßlinge mit Festigkeiten, die ohne nachträgliche Sinterbehandlung überraschenderweise höher lagen als die eines konventionell gesinterten Preßlings (121). Über eine ähnliche Apparatur zum explosiven Verdichten flacher Proben berichteten O.Roman und V.Gorobtsov (122). Auch hierbei werden hohe Festigkeiten im Preßling erhalten.

Die Wirkung des Erhitzens der Pulver beim Explosivverdichten kann sich auf das in Abb. 5.7 beschriebene Parameterfeld in der Weise auswirken, wie in Abb. 5.12 veranschaulicht ist. Eine optimale Verdichtung wird unter Verwendung kleinerer Explosivstoffmengen und von Explosivstoffen mit kleinerer Detonationsgeschwindig-

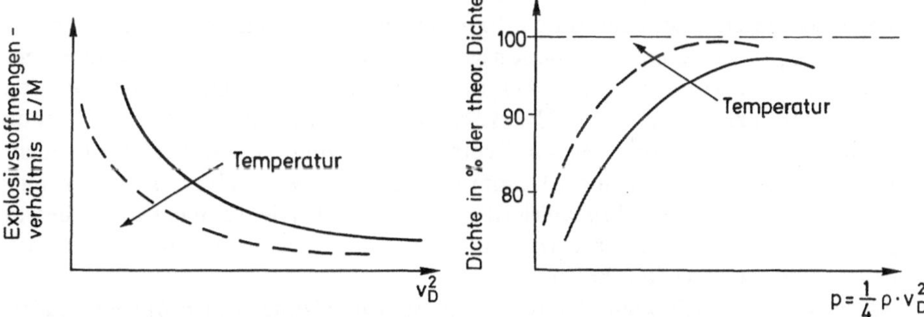

Abb. 5.12. Verschiebung der Explosivparameter beim explosiven Pulverpressen durch ein Erhitzen des Pulvers

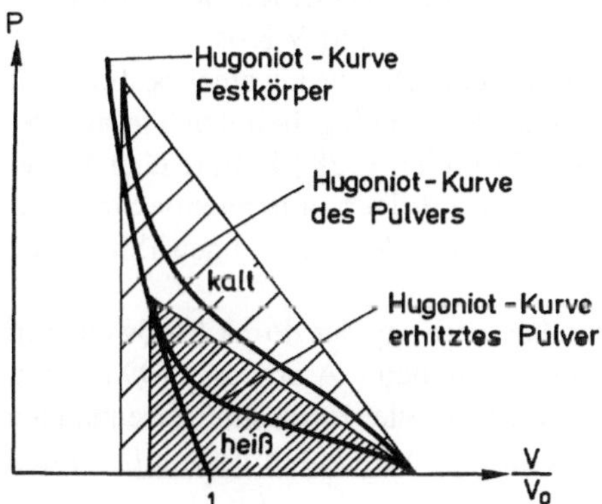

Abb. 5.13. Hugoniot-Kurven von kaltem und erhitztem Pulver (schematisch). Die Zunahme der inneren Energie wird durch die schraffierten Flächen repräsentiert

keit erzielt. Außerdem ist eine größere Dichte als bei der Verdichtung bei Raumtemperatur zu erwarten.

Unter Anwendung von kleineren E/M-Werten und von Explosivstoffen mit niedrigerer Detonationsgeschwindigkeit wird außerdem der Einfluß einer Entlastungswelle herabgemildert. Damit ist die Gefahr einer Rißbildung im Preßling geringer.

Die Auswirkung des Erhitzens auf die Hugoniotkurve von Pulvern hat man sich so vorzustellen, wie in Abb. 5.13 skizziert ist. Die Hugoniotkurve von heißem Pulver nähert sich bei geringerem Druck derjenigen des Festkörpers. Damit ist die Zunahme der inneren Energie beim Heißverdichten kleiner als beim Kaltverdichten, wie aus den schraffierten Flächen in Abb. 5.13 hervorgeht.

Trotz der guten Aussichten für die Werkstoffentwicklung hat das Verdichten heißer Pulver bisher in der Forschung leider nur wenig Berücksichtigung gefunden.

5.2 Temperaturentwicklung

In Kap. 4.2 wurde anhand der Hugoniot-Kurve gezeigt, daß die Zunahme der inneren Energie bei der Stoßwellenbeanspruchung von Pulvern erheblich größer ist als bei Festkörpern. Der größte Teil der Zunahme der inneren Energie äußert sich in Form einer Temperaturerhöhung. Die in explosiv verdichteten Pulvern auftretenden Temperaturen übertreffen die unter gleichen Bedingungen in Festkörpern gemessenen (siehe Abb. 5.3b). In Abb. 5.14 ist z.B. das Zentrum eines Wolfram-Stabes von 17 mm Durchmesser gezeigt, welcher durch Explosivverdichten von Wolframpulver der Korngröße 5 µm bei einer Detonationsgeschwindigkeit von 3500 m/s und einem Detonationsdruck von ca. 5 GPa hergestellt wurde (111). Da hierbei bei den gewählten Parametern eine leichte Überverdichtung vorliegt, also die konvergierende Stoßwelle überwiegt, kommt es im Zentrum der zylindrischen Probe zu einem aufgeschmolzenen Bereich von ca. 1,2 mm Durchmesser, was sich im metallographischen Schliff durch einen rekristallisierten Bereich zeigt. Die Temperatur in diesem Bereich muß also während der Verdichtung mindestens die Schmelztemperatur von Wolfram (3000° C) erreicht haben.

Außer durch den direkten Nachweis von Aufschmelzungen in Form von aufgeschmolzenen Bereichen konnte auch meßtechnisch während des Verdichtungsvorganges nachgewiesen werden, daß die Temperaturerhöhung beim Verdichten von Pulvern durch Stoßwellen wesentlich größer ist als bei Festkörpern. Verschiedene Meßverfahren kamen zur Anwendung. So wurden von E.Atroshenko und V.Kosovitsch (123) einem zu verdichtenden Eisenpulver Substanzen beigemischt, die bei einer bestimmten Temperatur ihre Farbe ändern. Mit Hilfe von in das Pulver eingebetteten Thermoelementen (99, 124–127), sowie mittels optischer Methoden (128) konnte nachgewiesen werden, daß die bei dynamischer Kompression von Pulvern auftretende Stoßtemperatur umso größer ist, je niedriger die Ausgangsdichte des Pulvers gewählt wurde (125).

Eine meßtechnisch interessante Lösung zur Bestimmung der durch Stoßwellen in Metallpulvern bewirkten Temperaturerhöhung haben A.Staver (99) und V.Nesterenko (129) angewandt: sie ließen eine Stoßwelle durch eine Grenzfläche zwischen Pulverschüttungen aus Nickel- und Kupferpulver laufen und nutzten den

Abb. 5.14. Explosiv verdichtetes Wolfram mit rekristallisiertem Bereich

thermoelektrischen Effekt aus, indem sie die auftretende Thermospannung direkt mittels eines Oszillographen registrierten. Hierbei zeigt sich, daß in grobkörnigen Pulvern höhere Spitzenwerte der Stoßtemperatur auftreten als in feinkörnigen Pulvern (130). Erst bei Drücken, die größer als 10 GPa sind, gleichen sich die in feinem und grobem Pulver ermittelten Stoßtemperaturen wieder an.

Für das Explosivverdichten ist ein weiterer Gesichtspunkt wesentlich: die beim dynamischen Verpressen von Pulvern auftretende Wärme verteilt sich nicht gleichmäßig über das Volumen. Die Vorgänge in der Stoßwellenfront sind zwar komplex, doch kann man aufgrund des sehr rasch erfolgenden Druckanstieges annehmen, daß starke Relativbewegungen der Teilchen zueinander erfolgen (111). Einzelne Teilchen können hierbei sogar auf Geschwindigkeiten beschleunigt werden, die dem Doppelten der Partikelgeschwindigkeit u im Pulver (siehe Kap. 4.1) entsprechen. Bei der weiteren Kollision solcher Teilchen mit anderen entsteht Reibungsarbeit. Diese ist auf die Oberfläche der Teilchen beschränkt.

Die insgesamt im Pulver entwickelte Wärme setzt sich also aus zwei Anteilen zusammen:

a) Wärmetönung des gesamten Volumens unter Einwirkung einer Stoßwelle. Diese Wärmetönung tritt auch bei Festkörpern auf.
b) Wärmeentwicklung an der Oberfläche der Pulverteilchen durch Reibung infolge von Relativbewegungen der Teilchen bei gleichzeitig hohen Reibkräften (Druck).

Eine schematische Darstellung dieser Verhältnisse wird in Abb. 5.15 entwickelt. Dargestellt ist ein Bereich mit einzelnen Körnern des gerade verdichteten Pulvers im Stoßzustand. T_m ist die Schmelztemperatur des Materials. Die stark ausgezogene Linie rechts gibt den Temperaturanstieg aufgrund der Stoßwelle wieder. Lokale Temperaturspitzen an den Oberflächen der Teilchen treten auf infolge Reibung der einzelnen Teilchen. Keiner der beiden Anteile ist bei den bei Explosivverdichtungen in der Regel

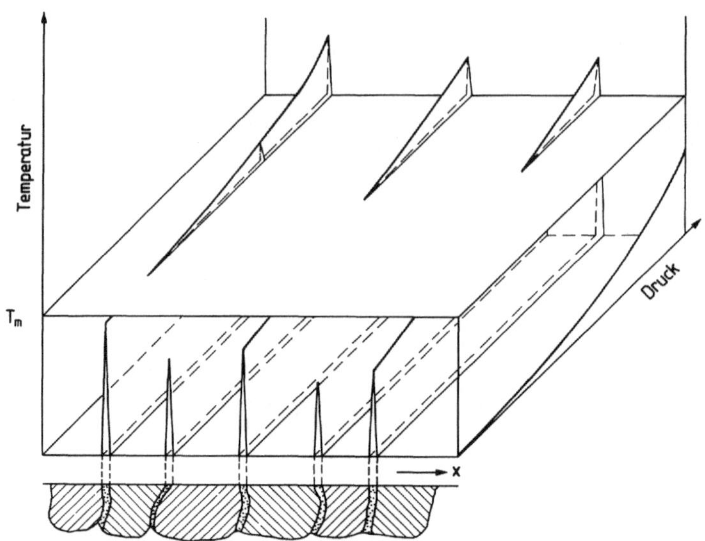

Abb. 5.15. Schematische Darstellung der Temperaturentwicklung beim explosiven Verdichten von Pulvern

angewandten Drücken allein für Aufschmelzungen ausreichend. Die Zusammenwirkung beider Effekte aber führt bereits bei geringen Stoßwellendrücken zu lokalen Aufschmelzungen an den Oberflächen der Teilchen.

Andererseits ist auch die Heißverdichtung geeignet, ein Anschmelzen der Oberflächenbereiche der Pulverteilchen unter der Wirkung der Stoßwelle zu begünstigen. An Untersuchungen dieser Art fehlt es allerdings. Auf den wichtigen Sachverhalt des Anschmelzens der Oberflächenbereiche der Teilchen wird in Kap. 5.3 eingegangen. Er ist ein wesentlicher Gesichtspunkt für das Zustandekommen einer Verschweißung der verdichteten Teilchen untereinander.

Einen besonderen Fall lokaler Temperaturentwicklung stellen die Anpassungsverformungen bei hochfesten Werkstoffen dar. Unter den Bedingungen des Explosivpressens (hoher Druck, große Verformungsgeschwindigkeiten) kommt es zur Bildung sog. adiabatischer Scherbänder. Hierbei handelt es sich um lokal auftretende Abscherungen, die von starker Wärmeentwicklung begleitet sind. Unmittelbar darauf erfolgt eine rasche Abkühlung an dem umgebenden Material (131).

Anhand von Modellversuchen (132) der Explosivverdichtung von Kugeln aus gehärtetem Stahl 100Cr6 kann in Abb. 5.16 die Anpassungsverformung durch adiabatische Scherbänder sehr gut veranschaulicht werden. Es treten immerhin Abscherungen von 0,2 mm auf. Aus Abb. 5.17 ist weiterhin ersichtlich, wie durch adiabatische Scherung eine Pore in einem IN-100-Pulverteilchen geschlossen wird (132). Bei IN-100-Pulver handelt es sich um ein solches, das durch Verdüsen einer Nickel-Basislegierung im Argonstrom hergestellt wurde. Die Teilchen haben nahezu kugelige Gestalt. In Abb. 5.17 verlief die Stoßwelle von links nach rechts.

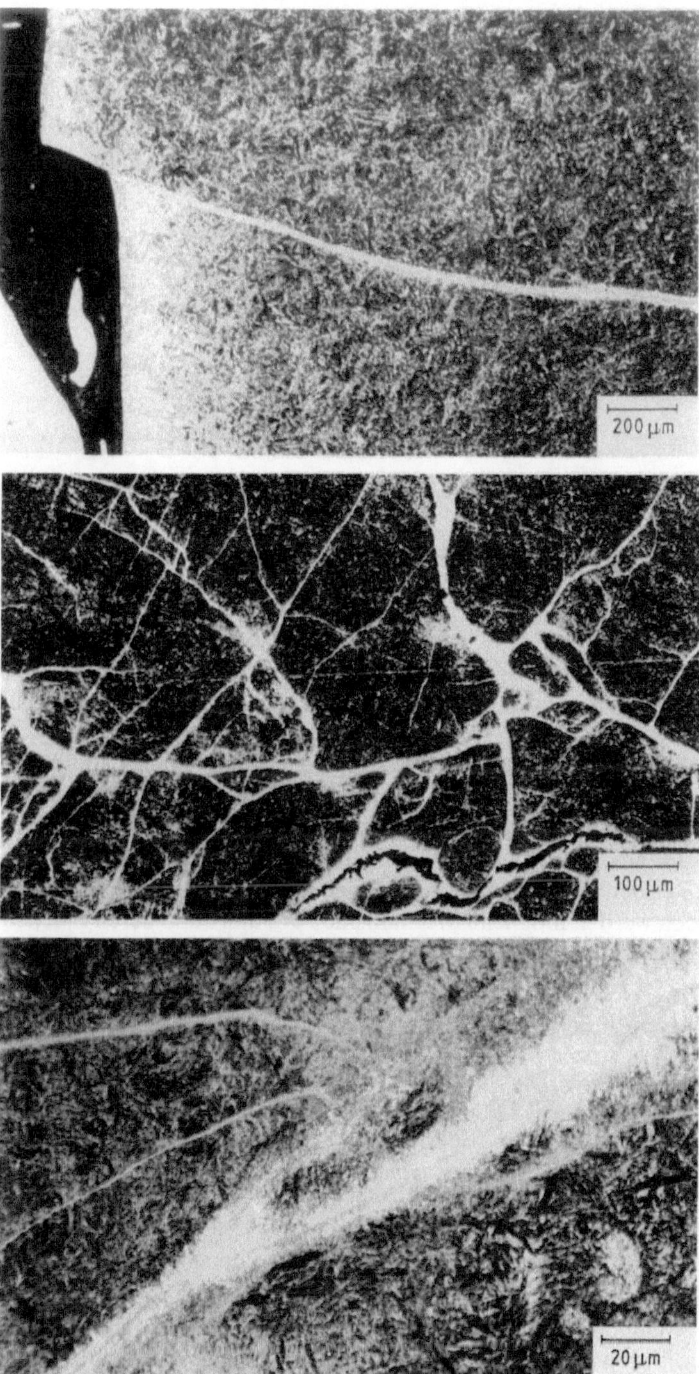

Abb. 5.16. Entwicklung adiabatischer Scherbänder beim Explosivverdichten von Stahlkugeln, Durchmesser 3 mm (132)

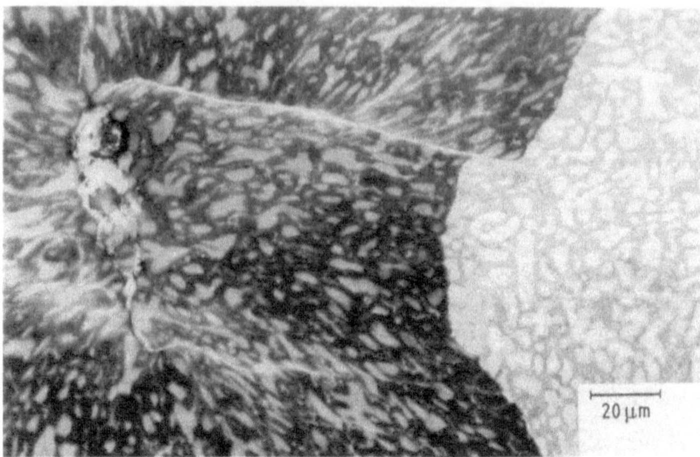

Abb. 5.17. Schließen einer Pore in einem IN-100 Pulverteilchen durch adiabatische Scherung (132)

5.3 Bindemechanismen

Die mechanische Integrität der Preßlinge ist teilweise beachtlich. In den meisten Fällen können die Preßlinge explosiv verdichteter Metallpulver anschließend unmittelbar durch spanabhebende Bearbeitung wie Drehen, Feilen oder Hobeln bearbeitet werden. Die für derartige Bearbeitungen erforderlichen Festigkeiten sind nicht allein durch ein dichteres Packen der Pulverteilchen möglich. Vielmehr müssen „Verschweißungen" einzelner Teilchen untereinander stattgefunden haben. Die zu Bindebrücken zwischen den Pulverteilchen führenden Mechanismen können wirksam werden, weil wie im vorausgehenden Kapitel bereits geschildert, die Teilchen starke Relativbewegungen ausführen. Im folgenden werden mögliche Mechanismen erläutert und deren Existenz durch metallographische Untersuchungen nachgewiesen.

5.3.1 Explosives Verschweißen

Die Voraussetzung für das Zustandekommen einer Explosivschweißung ist die schräge Kollision zweier Metalloberflächen, wie in Kap. 2.3 beschrieben wurde. Derartige Bedingungen können in der Stoßwellenfront beim Explosivverdichten vielfach vorliegen. Wenn z.B. ein Teilchen unmittelbar vor der Stoßwellenfront auf die Partikelgeschwindigkeit u beschleunigt wird, um dann mit dem nächstfolgenden Teilchen zu kollidieren, dann sind Verhältnisse möglich, wie dies in Abb. 5.18 dargestellt ist. In dem Bereich mit dem Kollisionswinkel 2β und der Oberflächengeschwindigkeit v_P kommt es zu einer Strahlbildung. Im rechten Teil der Abbildung ist ersichtlich, wie sich dieser Strahl ähnlich einem Hohlladungsstrahl in das Nachbarteilchen gebohrt hat und dabei aufgrund einer ebenfalls schnellen Relativbewegung des Nachbarteilchens umgelenkt wurde.

In Abb. 5.19 ist eine Explosivschweißverbindung zwischen zwei Teilchen aus der Nickel-Basislegierung IN-100 (133) mit einer Aufschmelzzone wiedergegeben, die

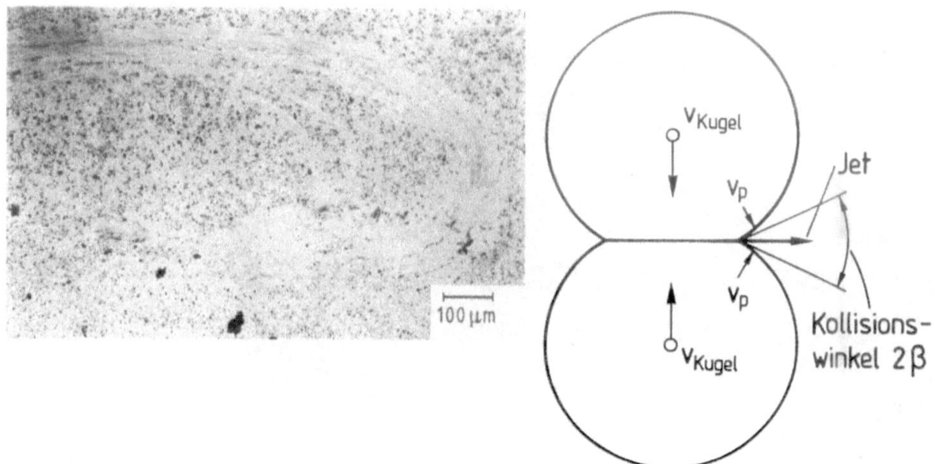

Abb. 5.18. Kollision zweier Pulverteilchen aus IN 100 mit unter „Explosivschweißbedingungen" erfolgter Strahlbildung (132)

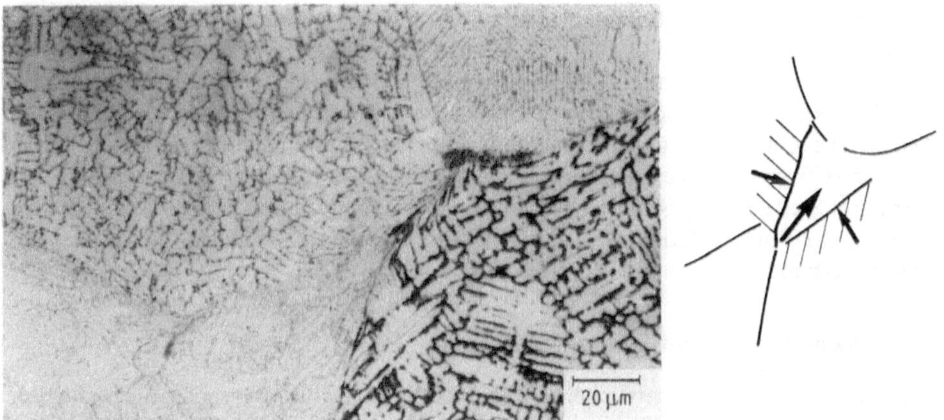

Abb. 5.19. Zustandekommen einer Explosivschweißverbindung zwischen zwei IN-100-Teilchen und durch eingefangenen Strahl gebildete Schmelztasche (132)

sich durch den eingefangenen Strahl gebildet hat. Wellige Explosivschweißverbindungen, wie sie normalerweise bei höheren Kollisionsgeschwindigkeiten beim Explosivschweißen auftreten, konnten A.Staver beim Explosivverdichten von Kupfer-Pulver in zylindrischer Anordnung (99) und D.Reybould beim Verdichten von rostfreiem Stahl-Pulver in der Gaskanone nachweisen (134).

5.3.2 Reibschweißen

Daß die Reibung der Teilchen aneinander von Einfluß auf den Verdichtungsvorgang und die Eigenschaften des Preßlings ist, wurde schon früh aufgezeigt (111). Die unter hohem Druck stattfindende Reibung einzelner Pulverteilchen aneinander bewirkt

Abb. 5.20. Stahlkugeln von 0,5 mm Durchmesser, explosiv verdichtet mit (a) Reibschweißung, (b) und (c) adiatischer Scherung (132)

lokale Erhitzung an der Oberfläche der Teilchen, so daß Reibschweißbedingungen vorliegen. Das Zustandekommen einer Reibschweißverbindung läßt sich allerdings schwer nachweisen.

Anhand von Versuchen zum Explosivverdichten von Stahlkugeln von 0,5 mm Durchmesser jedoch konnte wegen der glatten Oberfläche der zu verdichtenden Teilchen bei einer nachträglichen metallographischen Untersuchung die Existenz von Reibschweißverbindungen aufgezeigt werden (132). In Abb. 5.20 ist die mit a markierte Stelle eine Reibschweißverbindung, während die mit b markierten Stellen Bereiche der Pulverteilchen sind, in denen Anpassungsverformungen durch adiabatische Scherbandbildung statttgefunden haben.

5.3.3 Explosives Flüssigphasen-Sintern

Aufgrund des in Kap. 6 entwickelten Modells der quasi-adiabatischen Erhitzung der Oberflächenbereiche der Pulverteilchen während der Stoßwellenbelastung kann es, wenn ausreichend hohe Drücke wirksam sind, zu Aufschmelzungen in den Oberflächenbereichen der Teilchen und damit nach einer Abkühlung zu einer Verschweißung der Teilchen kommen. Da der Verbund über eine flüssige Phase zustandekommt, sei dieser Vorgang als „Explosives Flüssigphasen-Sintern" bezeichnet.

Um den Einfluß des Verdichtungsdruckes aufzuzeigen, ist zunächst in Abb. 5.21 ein Preßling gezeigt, der aus Udimet-700-Pulver durch leichtes Unterverdichten hergestellt wurde. Udimet-700-Pulver wird durch Verdüsen einer Nickel-Basislegierung im Argonstrom hergestellt (136). Im metallographischen Schliff sind deutlich in den Pulverteilchen noch verbliebene Poren zu erkennen. Wie die REM-Aufnahme der Bruchfläche zeigt, sind nur wenige Bindungen zwischen den Teilchen durch Explosivschweißen und Reibschweißen zustandegekommen. Eine Erhöhung des Drucks beim Verdichten bewirkt ein völlig andersgeartetes Aussehen des metallographischen Schliffbildes. Wie Abb. 5.22 zeigt, sind die Oberflächenbereiche dann angeschmolzen: es liegt eine sogenannte explosive Flüssigphasen-Sinterung vor.

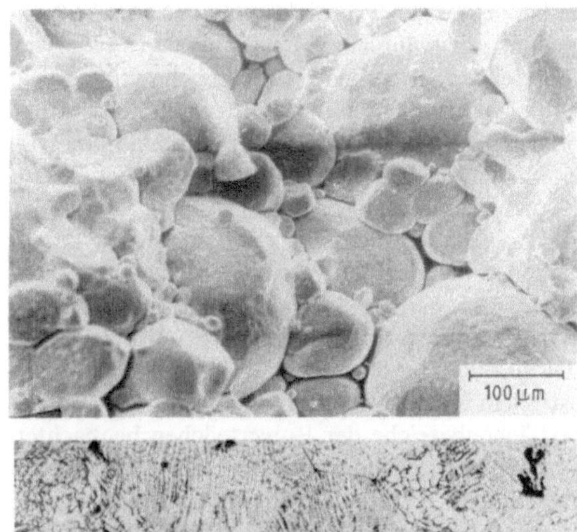

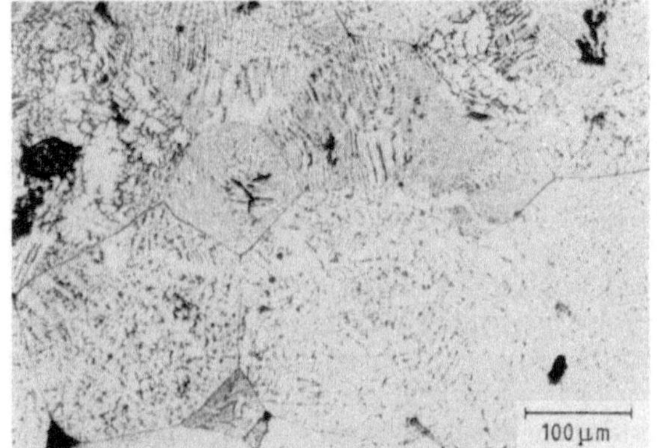

Abb. 5.21. Metallographischer Schliff und REM-Aufnahme der Bruchfläche von explosiv verdichtetem Udimet-700-Pulver: nur geringfügige Bindung zwischen den einzelnen Pulverteilchen durch mechanisches Verhaken (135)

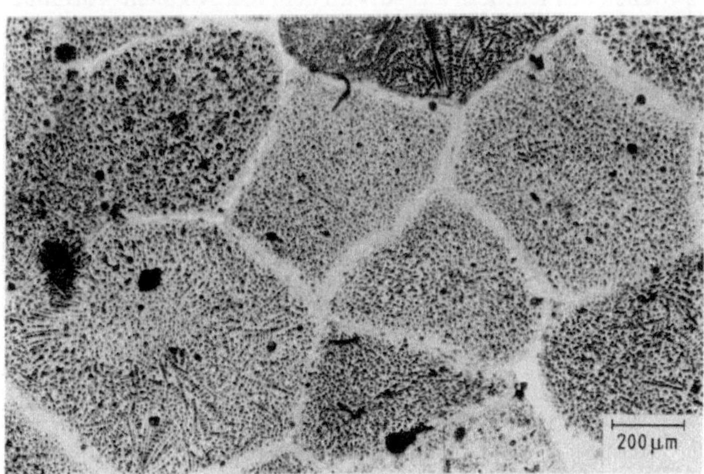

Abb. 5.22. Metallographischer Schliff einer durch Explosivverdichten von Udimet-700-Pulver hergestellten Probe mit Aufschmelzungen: Explosive Flüssigphasen-Sinterung (132)

Ähnliche Beobachtungen wurden bei der Explosivverdichtung von MAR M-200-Pulver gemacht (137). Es handelt sich um einen ähnlichen Legierungstyp (138) wie dem hier untersuchten (132). Bei Verdichtung in zylindrischer Anordnung werden zwischen den Teilchen mittels elektronenmikroskopischer Untersuchungen Aufschmelzungen beobachtet. Es ergibt sich eine mikrokristalline, als pseudo-amorph bezeichnete Verbindungsschicht zwischen den verdichteten Pulverteilchen, woraus auf eine sehr hohe Abkühlungsgeschwindigkeit geschlossen wird. Aufgrund des Dentritenabstandes in der während des dynamischen Verdichtens aufgeschmolzenen und unmittelbar danach rasch erkalteten Zone zwischen den verdichteten Pulverteilchen aus M2-Werkzeugstahl (139) gelingt es D.Morris, die Abkühlgeschwindigkeit der aufgeschmolzenen und rasch erstarrten Bereiche auf zwischen 10^6 und 10^{11} K/s abzuschätzen, je nachdem, welche Dicke die aufgeschmolzene Zone aufweist. Auch beim Verdichten von Pulvern aus rostfreiem Stahl mit Hilfe einer Gaskanone können derartige Aufschmelzungen der Oberflächenbereiche der Pulverteilchen beobachtet werden (140). Eigene Untersuchungen weisen ebenfalls darauf hin, daß die Abkühlgeschwindigkeit in der aufgeschmolzenen Zone nach dem Explosivpressen größer sein muß, als die Abkühlgeschwindigkeit, die zur Herstellung eines IN-100-Pulvers beim Verdüsen vorlag: aus Abb. 5.23, die einen metallographischen Schliff eines explosiv verdichteten Pulvers aus IN 100 wiedergibt, ist ersichtlich, daß trotz des relativ großen aufgeschmolzenen Bereiches von ca. 40 µm Dicke wesentlich feinere Dendrite nach der Erstarrung vorliegen als im Ausgangspulver.

Es gibt auch Hinweise darauf, daß selbst in keramischen Werkstoffen vereinzelt Schmelzzonen auftreten. So fanden C.Hoenig et al. mittels REM-Untersuchungen an den Bruchflächen von explosiv verdichtetem Al_2O_3-Proben Spuren von Aufschmelzungen (118) und mittels TEM-Untersuchungen nach dem Explosivverdichten von AlN (141) Hinweise auf starke Verformungen (Scherbänder) und pseudoamorphe Schichten. Die Entstehung solcher Schichten wird darauf zurückgeführt, daß angeschmolzene Bereiche zwischen den Körnern aus AlN an dem relativ kalten Korninneren rasch abgeschreckt werden und dadurch eine amorphe Phase bilden (142).

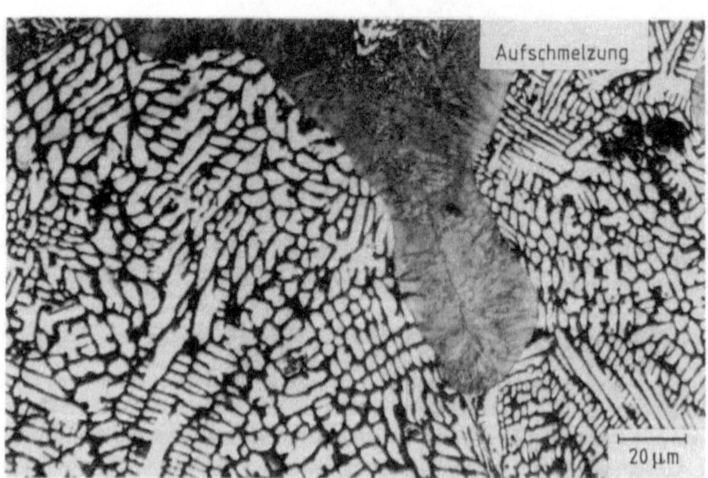

Abb. 5.23. Explosive Flüssigphasensinterung von IN-100-Pulver: feine Ausbildung Dendriten nach dem Erstarren der während des Explosivverdichtens aufgeschmolzenen Bereiche (132)

In neuerer Zeit wurden verschiedene Meßverfahren entwickelt, um den Einfluß des Aufschmelzens der Oberflächenschichten der Pulverteilchen beim dynamischen Verpressen zu erfassen. Dabei wird davon ausgegangen, daß die Energie der Stoßwelle, die durch die schraffierte Fläche in Abb. 4.4 unter der Hugoniotkurve des Pulvers gekennzeichnet ist, zum größten Teil dafür aufgewendet wird, eben diese Aufschmelzungen der Oberflächenbereiche der Pulverteilchen zu erzeugen. Für die Dicke der aufgeschmolzenen Schicht ist nach D.Reybould (143) ein Gleichgewichtszustand zwischen der Geschwindigkeit der Bereitstellung dieser Energie und deren Ableitung nach dem Korninneren durch Wärmeleitung maßgebend. Eine Aufschmelzung findet also um so eher statt, je steiler die Stoßwellenfront dP/dt ist. D.Morris (144) geht von den gleichen Bedingungen aus, berücksichtigt aber auch die Aufheizung des Korninneren, die bei Festkörpern in derselben Weise in Erscheinung tritt. T.Ahrens und Mitarbeiter (145) geben eine analytische Beschreibung des zeitlichen Ablaufs der Vorgänge: Verdichtung mit Aufschmelzung, Erstarrung und Temperaturausgleich bis zu homogener Temperatur. Es wird der minimal notwendige Bruchteil an aufgeschmolzener Masse angegeben, der für eine Verschweißung des gesamten Oberflächenbereiches der Teilchen notwendig ist und damit zu einer vollständigen explosiven Flüssigphasensinterung führt. W.Gourdin schließlich zeigt aufgrund ähnlicher Überlegungen auf, daß dabei die spezifische Oberfläche des Pulvers eine wesentliche Rolle spielt und berücksichtigt damit die Teilchengröße des Pulvers (146). Bei feinen Pulvern mit großen spezifischen Oberflächen ist zur Erzeugung einer explosiven Flüssigphasen-Sinterung ein größerer Anteil an schmelzflüssiger Phase im zu verdichtenden Material notwendig. Dies ist im Einklang mit eigenen Feststellungen, wonach feinkörnige Pulver mit Teilchengrößen von 1 µm und weniger explosiv nur schwierig verdichtbar sind. Auch die Feststellung von V.Nesterenko (130), daß grobkörnige Pulvere höhere Stoßtemperaturen aufweisen als feine, ist damit erklärbare, daß die dabei zur Verfügung stehende Energie auf eine kleinere Oberfläche verteilt wird.

Es ist somit gelungen, ein „Fenster“ für die Bedingungen des Zustandekommens einer Verschweißung der Teilchen untereinander zu definieren. Damit kann die Verdichtbarkeit von Pulvern in ähnlicher Weise abgeschätzt werden wie dies von W.Wittman für das Explosivschweißen mit dem „explosive weldability window“ (147) geschehen ist.

Offensichtlich scheinen die geschilderten Berechnungsverfahren jedoch nur auf solche Pulversorten anwendbar zu sein, deren Teilchen weitgehend eine sphärische Gestalt aufweisen. So findet W.Gourdin (146) beim Verpressen von Kupferpulver mit irregulärer Gestalt der Pulverteilchen keine Aufschmelzungen. Der größte Teil der Energie scheint hierbei in größeren Tiefen unter der Teilchenoberfläche im wesentlichen für plastische Deformationen aufgezehrt zu werden. Auch dünne Oxidschichten auf der Oberfläche von sphärischen Kupferteilchen hemmen das Auftreten von flüssigen Phasen beim dynamischen Verdichten erheblich (146). Weitere Untersuchungen über den Einfluß der Teilchenform beim Verdichten (kugelig, spratzig) sind für die Ausnutzung des Effektes der explosiven Flüssigphasen-Sinterung erforderlich. Gegenwärtig kann aufgrund der durchgeführten Untersuchungen gesagt werden, daß abhängig von dem zu verdichtendem Material das Auftreten von aufgeschmolzenen Bereichen um so eher begünstigt wird, je niedriger die Werte für die Schmelztemperatur, die Wärmeleitfähigkeit, die spezifische Wärme und die Schmelzwärme sind.

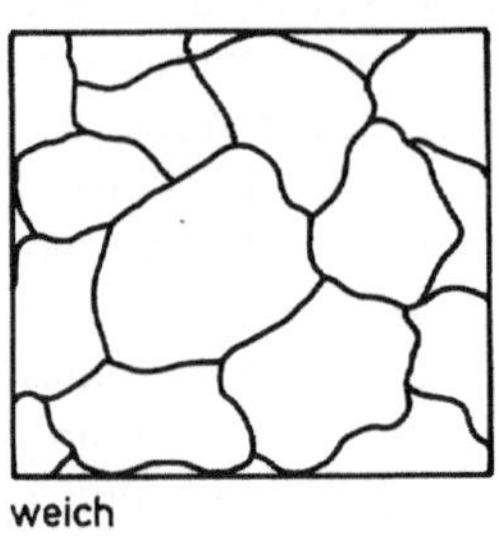

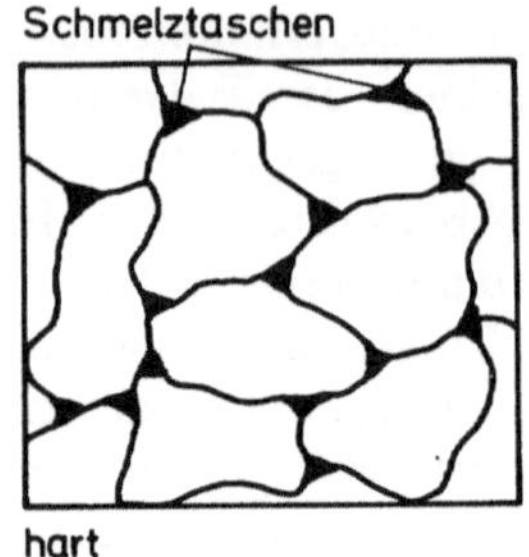

Abb. 5.24. Flüssigphasen beim Explosivverdichten von „weichen" und „harten" Pulverteilchen, schematisch

In diesem Zusammenhang ist die Feststellung von L.Murr et al. (148) interessant, daß in explosiv verdichtetem Molybdänpulver keine Zonen zwischen den Teilchen gefunden werden, die auf Aufschmelzungen während des Verdichtungsvorganges schließen lassen.

Ein weiterer Gesichtspunkt für das Zustandekommen einer explosiven Flüssigphasensinterung ist die Härte der Pulverteilchen. Je größer die Härte ist, um so größer sind die an den Berührungspunkten auftretenden Drücke. Damit wird die Bildung flüssiger Phasen begünstigt. In diesem Fall sammeln sich flüssige Phasen in Schmelztaschen an. Hierzu liegen bisher keine Untersuchungen vor. Der einzige Hinweis darauf sind eigene Untersuchungen (149) zum Explosivverdichten von Pulvern aus metallischem Glas der Legierung Ni19P mit einer Härte der Pulverteilchen von ca. 950 HV. Aufgeschmolzene Bereiche treten hierbei mehr in Form von Inseln auf (siehe auch Abb. 6.1) und nicht in der Art wie bei Nickel-Basis-Superlegierungen beobachtet, wo mehr eine gleichmäßige Verteilung der aufgeschmolzenen Bereiche über die Oberfläche der ursprünglichen Pulverteilchen vorlag. Auch die in Kap. 5.1.2 gefundene Tatsache, daß metallische Gläser geringere Verdichtungsdrücke benötigen als ihrer Härte entspricht (siehe Abb. 5.9), ist ein Hinweis auf ein frühzeitiges Auftreten schmelzflüssiger Phasen. Die prinzipiellen Unterschiede des Auftretens einer explosiven Flüssigphasen-Sinterung in weichen und harten Werkstoffen ist in Abb. 5.24 skizziert.

5.3.4 Bedeutung der Bindemechanismen

Es ist wünschenswert, daß die geschilderten Bindemechanismen Reib- und Explosivschweißen sowie die explosive Flüssigphasensinterung summarisch zu einem Verbund der Teilchen führen in der Art, daß eine nachfolgende Sinterbehandlung entfallen könnte.

Bei den beiden erstgenannten Mechanismen kann keine den gesamten Oberflächenbereich der Teilchen umfassende Bindung zustandekommen. Sowohl Reibungs- als auch Explosivschweißprozesse finden stets nur in ausgewählten Orientierungen gegenüber der Ausbreitungsrichtung der Stoßwelle statt. Die Auffindung derartiger Bereiche während metallographischer Untersuchungen ist mehr oder weniger dem Zufall überlassen.

Anders liegt der Fall beim explosiven Flüssigphasensintern: metallograpische Untersuchungen explosiv verdichteter Pulver ergaben durchaus Bereiche, in denen die gesamte Oberfläche der metallenen Pulverteilchen angeschmolzen wurde und zu einem

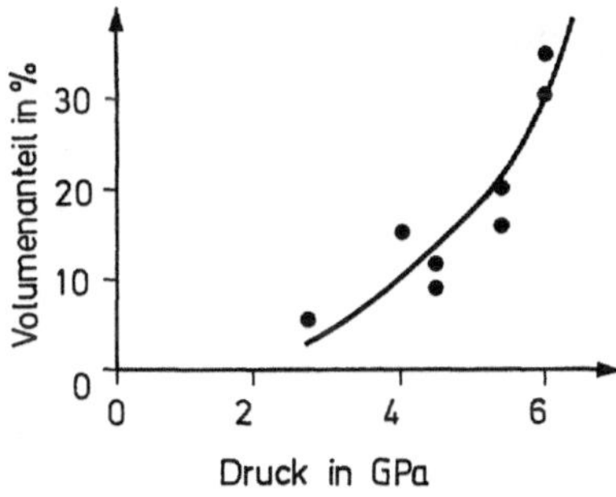

Abb. 5.25. Volumenanteil aufgeschmolzener Bereiche in dynamisch verdichtetem M2-Werkzeugstahl der Härte 250 HV

Verbund führte. In diesem Fall werden die Teilchen insgesamt untereinander verschweißt.

Quantitative Angaben über die beim Explosivpressen auftretenden Volumanteile der aufgeschmolzenen Bereiche, insbesondere mit Angaben über den beim Verdichten angewandten Stoßwellendruck, sind allerdings selten. Beim Verdichten mittels einer Gaskanone stellte Morris (150) in Preßlingen aus einem Pulver aus einem M2-Werkzeugstahl (139) der Härte HV 250 fest, daß aufgeschmolzene Bereiche ab einem aus der Geschwindigkeit des Projektils abgeschätzten Druck von ca. 2 GPa auftreten. Ihr Volumenanteil steigt mit zunehmendem Verdichtungsdruck an. Diese mittels metallographischer Untersuchungen erhaltenen Befunde sind in Abb. 5.25 wiedergegeben.

Offensichtlich liegt ein Minimalwert des Druckes vor, der überschritten werden muß, bevor ein Anschmelzen der Teilchenoberflächen einsetzt.

Eine quantitative Berechnung des Anteils der aufgeschmolzenen Bereiche bedarf der Kenntnis der Hugoniotkurven und der Entlastungsadiabaten des betreffenden Pulvers, der verwendeten Schüttdichte sowie der Druckabhängigkeit der physikalischen Eigenschaften wie spez. Wärme und Schmelztemperatur. Außerdem ist zu berücksichtigen, daß die Energieaufnahme nicht gleichmäßig über die gesamte Oberfläche der Teilchen erfolgt und ein bestimmter Anteil je nach Kornform und -größe als Verformungsarbeit verloren geht. Nähere Untersuchungen zu dieser Thematik sind insbesondere wegen ihrer Bedeutung für die erzielbare Festigkeit des Preßlings wünschenswert. Hierbei hat eine Optimierung der Parameter für den Aufschmelzvorgang beim explosiven Flüssigphasensintern in ähnlicher Weise zu erfolgen wie bei den Parametern für die Erzielung einer optimalen Dichte in Kap. 5.1.2. Ziel muß es sein, die bisher an Proben im cm-Bereich erhaltenen Resultate auf Bauteilabmessungen im dm-Bereich zu übertragen. Ein hochfester Werkstoff, hergestellt durch explosives Flüssigphasensintern und bestehend aus einem Netzwerk eines höchstfesten Werkstoffes der rasch erstarrten ehemaligen Oberflächenbereiche mit stoßwellengehärtetem Innenbereich der ehemaligen Pulverteilchen, stellt eine interessante Perspektive dar.

6 Einfluß des Drucks auf die mechanischen Eigenschaften explosivverdichteter Preßlinge

Die Angaben über die mechanischen Eigenschaften von durch Explosivverdichten hergestellten Preßlingen reichen von „geringer Festigkeit" bis zu „Sinterbehandlung nach dem Explosivverdichten überflüssig" oder der Feststellung, daß eine Sinterbehandlung sogar die beim Explosivverdichten erzielten mechanischen Eigenschaften verschlechtert.

Eine Verallgemeinerung ist nicht möglich. Vielmehr sind die erzielten Eigenschaften sehr stark von den gewählten Verfahrensparametern und dem behandelten Material abhängig.

6.1 Metalle

Beim Explosivverdichten von Metallpulvern läßt sich der Einfluß des Drucks auf die Eigenschaften des Preßlings am besten zeigen. Während bei geringen Drücken lediglich eine dichte Packung der Teilchen aneinander zustandekommt, tritt bei höheren Drücken infolge des geschilderten Einflusses des Reib- und Explosivschweißens einzelner günstig gegeneinander reibender oder kollidierender Teilchen bereits teilweise eine Verschweißung ein. Bei weiterer Steigerung des Drucks und damit ansteigender innerer Energie in der Stoßwelle sind Aufschmelzungen möglich, wie im vorigen Kapitel gezeigt wurde.

Ob allerdings Aufschmelzungen in ausreichendem Maß auftreten können, hängt vom zu verdichtenden Pulver ab. Offensichtlich ist damit die Forderung nach einer weitgehend sphärischen Form der Pulverteilchen verbunden: bei spratzig geformten Teilchen wird ein Großteil der eingebrachten Energie schon dazu verbraucht, die Teilchenspitzen durch plastische Deformation abzurunden. In diesem Fall kommt ein Teilchenverbund nur durch mechanische Verzahnung zustande.

Die Vorgänge Reib- und Explosivschweißen führen nur dort zu Bindungsbrücken, wo optimale Reib- oder Kollisionsbedingungen der Teilchen an- und untereinander vorliegen.

Hiermit kommen in den Preßlingen trotz hoher Dichtewerte, die nahe an der theoretischen Dichte liegen können, nur solche Festigkeitswerte zustande, die gerade ausreichen, daß der Preßling durch Drehen und Schleifen bearbeitbar ist, wobei das Ausbrechen einzelner Teilchen in Kauf genommen werden muß (135). In diesem Fall werden ausreichende Festigkeitswerte erst nach einer nachfolgenden Sinterbehandlung erzielt.

Erst die Anwendung höherer Drücke führt zu den bereits geschilderten Aufschmelzungen. Dies wurde beim Direktverfahren des Explosivverdichtens aufgezeigt anhand verschiedener durch Verdüsen hergestellter Pulver aus hochlegiertem Stahl (132,150,151), Mar M-200 (139) und Udimet-700 (132). Bei ebener Anordnung zum Explosivverdichten wurden Aufschmelzungen in Preßlingen beobachtet, die aus einem verdüsten Pulver des Stahls SAE 4340 und der Aluminiumlegierung Al6Si hergestellt wurden (146). Ebenfalls beim Verdichten mittels Gaskanone ergaben sich derartige Aufschmelzungen in Preßlingen, die aus Pulvern der Stähle SAE 9310 (151) und SAE 304L (140) gewonnen wurden. Die hierbei angewandten höheren Stoßwellendrücke führen sogar zu vereinzelt auftretenden Anzeichen von Aufschmelzungen in Molybdän (143).

Die Anwendung höherer Stoßwellendrücke beim Explosivverdichten mit dem Ziel der Erzeugung von Aufschmelzungen hat andererseits auch den Vorteil , daß eine Stoßwellenhärtung des gesamten Teilchenvolumens erzeugt wird. So wird in Mar-M-200 eine Zunahme der Härte von 375 HV auf 700 HV erzielt (137). Beim Stahl SAE 304L (143) steigt die Härte nach dem Verdichten in der Gaskanone von ursprünglich 150 HV in den Pulverteilchen auf 420 HV im verpressten Verbund an. Diese Härtesteigerung hat ihre Ursache zum einen in der Erzeugung einer hohen Fehlstellendichte im Kernbereich und zum anderen durch die rasche Erstarrung der angeschmolzenen Oberflächenbereiche der ehemaligen Pulverteilchen.

Die Vorgänge, die zu einer Härtung des Volumens der Teilchen führen, sind ähnlicher Art wie bei Festkörpern und wie in Kap. 4.4 beschrieben, jedoch wegen der unregelmäßigen Form der Stoßwellenfront sehr komplex und sicherlich auch von der Morphologie des verdichteten Pulvers abhängig.

Die Bedingungen für das Zustandekommen einer explosiven Flüssigphasensinterung sind bei der gleichzeitigen Forderung nach einer homogenen Verdichtung über den Probenquerschnitt experimentall schwierig zu realisieren. Aus diesem Grund liegen bisher nur wenige Angaben über nach dem Verdichten erzielte Festigkeitswerte der Preßlinge vor.

Die Anwendung hoher Drücke bringt natürlich auch Probleme mit sich: man hat mit der zerstörenden Wirkung der Druckentlastungswelle zu rechnen, durch die zuvor herbeigeführte Bindungen in Bruchteilen von Mikrosekunden wieder aufgelöst werden können. Wenn außerdem die während des Verdichtungsvorganges erreichten Temperaturen zu hoch sind, entweder weil die Packungsdichte des Pulvers zu gering oder der Verdichtungsdruck zu hoch gewählt worden waren, dann ist mit Anlaßvorgängen wie in Festkörpern (siehe Kap. 4.4) zu rechnen. Wegen der bei Stoßwelleneinwirkung auf Pulver im Vergleich zu Festkörpern größeren inneren Energiezunahme müßten Erholungsvorgänge bei kleineren Stoßwellendrücken einsetzen. Die einzigen vorliegenden experimentellen Bestätigungen hierfür sind Untersuchungen an Aluminium- (152) und Stahlpulver (153), wo bei der Anwendung zu hoher Verdichtungsdrücke tatsächlich wieder eine Abnahme der Werte für die Härte und Festigkeit in den Preßlingen gefunden wird.

6.2 Keramische Werkstoffe

Reib- und Explosivschweißmechanismen kommen bei keramischen Werkstoffen nicht zur Wirkung. Dazu liegt die Hugoniot-Elastische Grenze (HEL) für keramische Werkstoffe viel zu hoch. Für Aluminiumoxid Al_2O_3 beträgt diese z.B. 11 GPa

(48,49,154). Die hohen Schmelzpunkte von keramischen Werkstoffen verhindern andererseits auch das Einsetzen der explosiven Flüssigphasensinterung in hinreichendem Umfang. Deshalb kommen bei keramischen Werkstoffen trotz der in den Preßlingen erzielten hohen Dichten keine hohen mechanischen Festigkeiten zustande. Die Preßlinge bedürfen stets einer nachträglichen Sinterbehandlung (145).

Eine Ausnahme davon bildet Aluminiumnitrid. Aus Aluminiumnitridpulver lassen sich beim explosiven Verdichten zylindrische Proben hoher Festigkeit erzielen (156). So weist AlN nach dem Explosivverdichten genau so große Bruchzähigkeitswerte auf (K_{Ic} = 3,0 MPa$m^{\frac{1}{2}}$), wie heißgepreßtes AlN (157). Die Ausnahme gilt deshalb, weil Aluminiumnitrid bereits bei Drücken, die über 0,55 GPa liegen, plastisches Fließen aufweist (157).

6.3 Metallische Gläser

Metallische Gläser verbinden hohe mechanische Festigkeiten mit weichmagnetischen Eigenschaften. Ihre Struktur ist amorph und wird durch rasche Abkühlung aus der flüssigen Phase bei Abkühlgeschwindigkeiten von mindestens 10^6 K/s erzeugt. Auch beim Explosivverdichten zeigt dieser Werkstofftyp ein ganz besonderes Verhalten. So wurde auch schon gezeigt, daß unter den Bedingungen des Explosivschweißens (159) eine homogene Verformung nur dann ermöglicht wird, wenn hohe Verformungsgeschwindigkeiten vorliegen, während bei Verformung mit kleineren Geschwindigkeiten wegen der ausbleibenden Verfestigung bei amorphen Werkstoffen Scherbänder gebildet werden.

Die Tatsache, daß unter den Bedingungen des explosiven Flüssigphasensinterns hohe Abkühlgeschwindigkeiten auftreten, eröffnet die Möglichkeit, metallische Gläser, die sonst nur als ca. 40 µm dicke Folien oder als Pulver hergestellt werden können, zu massiven Proben zu verdichten, ohne daß die Eigenschaften des amorphen Festkörpers verloren gehen (114,144,149,160–164). Zum Beweis, daß die Abkühlge-

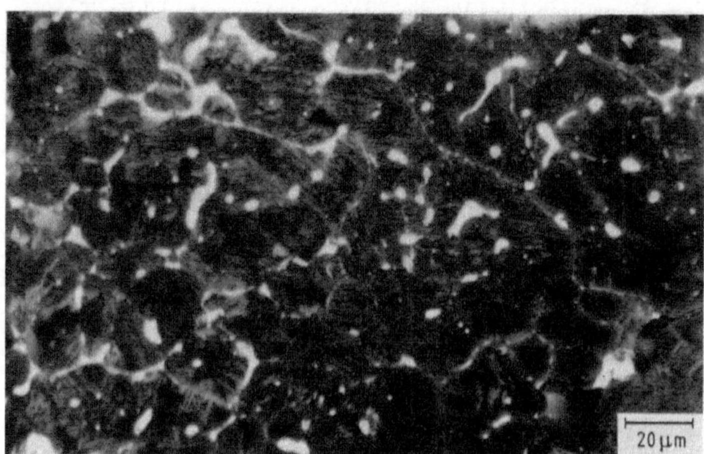

Abb. 6.1. Metallographischer Schliff der explosiv verdichteten kristallisierten Ni19P-Legierung mit an den Teilchenoberflächen entstandener amorpher Schicht (132)

schwindigkeit in der aufgeschmolzenen Grenzschicht während des Explosivverdichtens tatsächlich ausreicht, um ein amorphes Gefüge zu erzeugen, sei hier folgendes Experiment geschildert: ein metallisches Glaspulver vom Typ Ni19P (162) wurde durch Glühung kristallisiert und anschließend explosiv verdichtet. Abb. 6.1 zeigt ein metallographisches Schliffbild der verdichteten Probe. Während das Korninnere kristallin bleibt, ist die an den Teilchenoberflächen auftretende aufgeschmolzene Schicht amorph erstarrt. Die röntgenographische Untersuchung ergibt nach dem Explosivverdichten eine Zunahme des amorphen Anteils gegenüber dem kristallinen. Die explosive Flüssigphasensinterung ist gegenwärtig der einzige Mechanismus, der die Herstellung massiver Proben aus metallischen Gläsern zuläßt (149). Die Möglichkeit der Herstellung von kompakten Rohren aus metallischem Glas wurde von C.Cline (119,163) aufgezeigt.

Nach dem dynamischen Verdichten von Metglas 2826 (162) wird am Preßling eine Zugfestigkeit ermittelt, die die Hälfte von der des ursprünglich gefertigten Metglasbandes beträgt. Dieser Abfall wird auf beim Explosivverdichten entstandene Mikrorisse zurückgeführt (144,161,164). Die Bruchzähigkeit kann gleich der in der Folie selbst gemessenen sein.

7 Einfluß des Drucks auf die Substruktur verdichteter Preßlinge

Ein Teil der dem Preßling durch die Stoßwelle zugeführten Energie wird als Wärme verteilt. Die starke Kompression des Materials in der Stoßwellenfront bewirkt, wie in Kap. 4.4 gezeigt wurde, die Bildung neuer Versetzungen. Dies gilt insbesondere für Drücke, welche über der Hugoniot-elastischen Grenze des Materials liegen. Substrukturelle Änderungen und Verzerrungen im Kristallgitter sind die Folge.

Eine geeignete Methode, diese Einflußfaktoren zu untersuchen, ist die Röntgenbeugung. Die Verbreiterung von Röntgeninterferenzen wird durch eine Zunahme der Gitterverzerrungen einerseits und eine Abnahme der Größe der Subkornbereiche andererseits hervorgerufen. Bei der Subkorngröße handelt es sich um die das Röntgenlicht kohärent streuenden Bereiche, die wesentlich kleiner sind als die Korngröße des Vielkristallverbandes.

Eine Trennung der beiden Anteile ist mittels beugungstheoretischer Beziehungen möglich (165). Es ist dazu erforderlich, die Verbreiterung von mehreren Röntgeninterferenzen zu messen, diese bezüglich ihrer Halbwerts- oder Integralbreite (166)

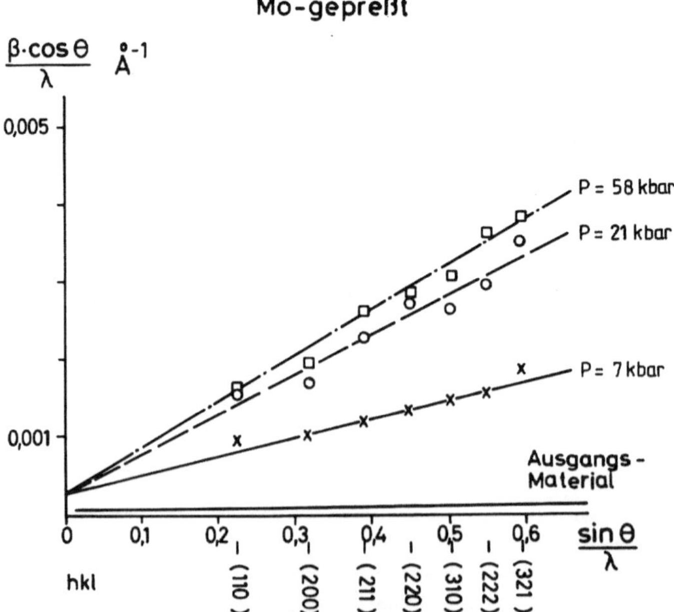

Abb. 7.1. Hall-Williams-Geraden von verpreßtem Mo-Pulver bei unterschiedlichem Detonationsdruck; (hkl) sind die Millerschen Indizes der vermessenen Netzebenen (169)

auszuwerten oder eine Fourier-Analyse des Linienprofils auszuführen (167,168). Im folgenden ist eine solche Auswertung aufgezeigt: Abb. 7.1 zeigt den Einfluß des Explosivdrucks beim Verdichten von Molybdänpulver auf das Hall-Williamson-Diagramm. Es gilt die Beziehung

$$\beta \cdot \cos\Theta = \frac{\lambda}{L} + 4\langle\varepsilon^2\rangle^{\frac{1}{2}} \sin\Theta \tag{7.1}$$

wobei β die Halbwerts- oder Integralbreite, Θ der Beugungswinkel, L die mittlere Teilchengröße, $\langle\varepsilon^2\rangle^{\frac{1}{2}}$ die mittlere Verzerrung und λ die Wellenlänge der verwendeten Röntgenstrahlung ist.

Der Anstieg der Ausgleichsgeraden gibt die Zunahme der Gitterverzerrungen mit dem Druck wieder. Es ergibt sich ein Maximalwert von $\langle\varepsilon^2\rangle^{\frac{1}{2}} = 0{,}16\,\%$ bei einem Druck von 5,8 GPa. Aus dem Ordinatenabschnitt ist der Kehrwert der Teilchengröße zu entnehmen. Der Einfluß des Drucks auf die Teilchengöße, die hier etwa $L = 34$ nm beträgt, ist gering. Nach einer Beziehung von E.Faulkner (170)

$$W = 2{,}81 \cdot E \cdot \langle\varepsilon^2\rangle \tag{7.2}$$

läßt sich aus dem mittleren Verzerrungsquadrat $\langle\varepsilon^2\rangle$ und dem Elastizitätsmodul E die Verzerrungsenergie angeben.

7.1 Metalle

In Tabelle 7.1 sind die Ergebnisse von röntgenographischen Untersuchungen über die Gitterverzerrungen und die Teilchengrößen zusammengestellt, die an verschiedenen Metallpulvern nach dem Verdichten gemessen wurden. Zum Vergleich sind auch solche Werte angegeben, die an Feilspänen oder an gemahlenen Pulvern gefunden wurden.

Es ist ersichtlich, daß die üblicherweise beim Explosivverdichten angewandten Drücke (siehe Kap. 5.1.2) keine wesentlichen Gitterverzerrungen hervorrufen. Die Werte sind durchaus mit den nach dem Feilen bzw. Mahlen vorliegenden vergleichbar oder sogar kleiner. Von allen in Betracht gezogenen Behandlungen von Wolfram hat das Feilen den größten Einfluß auf die röntgenographisch gemessenen Gitterverzerrungen und Teilchengrößen.

Man kann also davon ausgehen, daß beim Explosivverdichten zwar eine starke Reibung der Teilchen aneinander stattfindet mit der Folge, daß an den Teilchenoberflächen starke Verformungen stattfinden, das Korninnere aber weniger stark verformt wird. Dies wird deutlich bei einem Vergleich des Explosivverdichtens von reinem Wolframpulver einerseits und einer Mischung mit Zusätzen aus 3 % Massenanteilen Chrom- und 7 % Massenanteilen Nickelpulver andererseits. In den aus der Mischung hergestellten Preßlingen werden nur halb so große Gitterverzerrungen beobachtet wie in den aus reinem Wolframpulver hergestellten. Auch ist die Abnahme der Teilchengröße kleiner (auf 200 nm gegenüber 100 nm im reinen Wolfram-Preßling). Wenn sich also zwischen den Wolframteilchen beim Verdichten eine weichere Substanz (ein „Schmiermittel") befindet, dann wird die während des Verdichtungsvorganges zwischen den Pulverpartikeln erfolgende Reibung herabgemindert, was sich im Auftreten kleinerer Gitterverzerrungen und einer über das gesamte Volumen gemittelten kleineren Abnahme der Teilchengröße manifestiert.

Tabelle 7.1. Röntgenographisch ermittelte Gitterverzerrungen und Teilchengrößen in explosiv aus Metallpulvern hergestellten Preßlingen

Metall	Bearbeitung	Autor	Jahr	Gitterverzerrung %	Teilchengröße nm	Gespeicherte Energie/Joule
Mo	Explosiv verdichtet ($0 \leqq P \leqq 6$ GPa)	Prümmer-Ziegler (169)	1981	0,16	–	0,23
	4 h gemahlen	Gillies-Lewis (171)	1966	0,43	–	
	Gefeilt	Agnihotry (172)	1963	0,3	–	
Ni	Explosiv verdichtet	Smithlow (173)	1974	0,25	–	0,41
	Gefeilt	Rao-Anantharaman (174)	1963	0,237	90	
	Pulver verformt	Rao-Anantharaman (174)	1963	0,15	170	
W	Explosiv verdichtet ($0 \leqq P \leqq 6$ GPa)	Prümmer (111)	1979	0,27	100	0,38
	Isostat. gepreßt	Prümmer (111)	1979	0,28	250	
	48 h gemahlen	Prümmer (111)	1979	0,29	180	
	Gefeilt	Williamson-Hall (159)	1953	0,62	20	
W + 3 Cr + 7 Ni	Explosiv verdichtet ($0 \leqq P \leqq 6$ GPa)	Prümmer (111)	1979	0,13	200	0,11
TiAl 6 V 4	Explosiv verdichtet ($0 \leqq P \leqq 43$ GPa)	Prümmer (111)	1977	0,3	70	0,06

7.2 Keramische Werkstoffe

Gegenüber Metallen weisen keramische Werkstoffe nach dem Explosivverdichten der Pulver wesentlich markantere Veränderungen auf. Die nach dem Verdichten keramischer Pulver auftretenden mittleren Gitterverzerrungen und die Abnahme der mittleren Teilchengrößen sind recht unterschiedlich. Die Werte für die Gitterverzerrungen schwanken zwischen 0,1 und 0,8 % je nach Werkstoff und dem beim Verdichten angewandten Druck. Z.B. werden in Aluminiumoxid starke Abweichungen von der Art des Ausgangsmaterials beobachtet. Beim Verdichten eines feinen Pulvers ergeben sich große Effekte im Vergleich zu einem grobkörnigen Schmelzkorund (113). Wird ein Aluminiumoxidpulver der Ausgangskorngröße 3,5 µm explosiv bei einem Druck von 8,3 GPa verpresst, dann werden Gitterverzerrungen von 0,35 % erzeugt. Unter Verwendung eines Ausgangspulvers der Ausgangskorngröße von 300 µm ergibt sich hingegen nur eine mittlere Gitterverzerrung von 0,15 %, obwohl dieser Schmelzkorund einer stärkeren Stoßwellenbelastung von 10,7 GPa ausgesetzt wurde. Der größte in Aluminiumoxid überhaupt auftretende Wert einer mittleren Gitterverzerrung ist mit 0,5 % der nach einer Stoßwellenbehandlung von 60 GPa Druck (176).

Die Abhängigkeit der ins Kristallgitter von Aluminiumoxid eingebrachten Gitterverzerrungen und der Abnahme der mittleren Teilchengröße vom beim Explosivverdichten angewandten Druck wurde von R.Prümmer und G.Ziegler (97,113,160,169) untersucht. Es werden drei Bereiche gefunden, die mit dem Verdichtungsvorgang korrelierbar sind:

I: Dichteanstieg mit dem Druck ohne wesentliche Änderung der Fehlordnungsstruktur.
II: weiterer Dichteanstieg mit starker Zunahme der Gitterverzerrungen
III: leichter Dichteabfall ohne weitere Zunahme der Gitterverzerrungen.

Im Bereich I findet eine Umordnung der Teilchen zur Erzielung einer engeren Packung statt. Im Bereich II finden Relativbewegungen der Teilchen unter hohem Druck statt, die eine Reibung und Deformation und ein Zerkleinern der Teilchen bewirken (97,113). Eine Sättigung der Gitterverzerrungen im Bereich III ist bei der Verdichtung von Aluminiumoxidpulver mit einer Korngröße von 3,5 µm bereits bei einem Druck von 6 GPa erreicht. Demgegenüber finden H. Palmour III et al. (175) bei einem Druck von 10,7 GPa noch eine Zunahme, während A. Sawaoka et al. (176) bei einem Druck von 60 GPa zu nur unwesentlich höheren Gitterverzerrungen von 0,5 % kommen als R.Prümmer und G.Ziegler (97) bei einem Druck von 6 GPa. Auch hier dürften die unterschiedliche Eigenschaften der verwendeten Ausgangspulver des Aluminiumoxids von Einfluß sein.

Bei höchsten Drücken ist auch bei keramischen Werkstoffen mit derart hohen örtlich auftretenden Temperaturen zu rechnen, daß Erholungsvorgänge und gegebenenfalls sogar dynamische Rekristallisation einsetzen. Einen Hinweis darauf dürften Untersuchungen von B.Morosin und R.A.Graham (177) geben. Nach dem Verdichten von Titanoxidpulver bei einem Druck von 20 GPa ermittelten sie röntgenographisch eine mittlere Gitterverzerrung von 0,23 %, die bei Erhöhung des Drucks auf 27 GPa auf 0,2 % abfällt.

Tabelle 7.2. Röntgenographisch bestimmte Gitterverzerrungen, Teilchengrößen und die gespeicherte Verzerrungsenergie in Explosivpreßlingen aus verschiedenen keramischen Pulvern. (sp.O. = spezifische Oberfläche)

Material	Autor	Jahr	Druck [GPa]	Gitterverzerrung [%]	Teilchengröße [μm]	Gespeicherte Energie [Joule/g]	Bemerkungen
Al_2O_3	Bergmann-Barrington (178)	1966		Verbreiterung der Röntgeninterferenz			Geringe Änderung sp.O.
	Heckel-Youngblood (179)	1968		0,35		3,687	Aktivierung
	Prümmer-Ziegler (97, 113)	1977	0 < P < 8,3	max. 0,35 max. 0,22	0,14/0,05 3/0,2	3,687 1,467	3,5 um KG Aktivierung 300 um KG
	Sawaoka (170)	1979	60	0,5	0,05	7,5	
	Morosin-Graham (177)	1983	5,1	0,3–0,4	0,7–0,25	5,45	
	Palmour III (175)	1982	5,1 7,4 10,7	0,116 0,177 0,231	0,08 0,06 0,06	0,4 0,92 1,59	Geringe Änderung sp.O. Aktivierung
MgO	Heckel-Youngblood (179)	1968					
	Bergmann-Barrington (178)	1966					Aktivierung
	Klein-Rudman (180)	1966		0,5	0,03	3,4	
	Sawaoka (176)	1979	60	0,1	0,04	0,138	
ZrO_2	Bergmann-Barrington (178)	1966	17	0,8		5,45	Geringe Änderung sp.O.
	Hankey et al. (181)	1983	11	0,4–0,8		1,26–5,45	Reaktivität stärker: $PbO + ZrO_2 \rightarrow PbZrO_3$
TiO_2	Morosin-Graham (177)		20 27	0,23 0,20 Temperatur	0,05	1,34	
SiC	Bergmann-Barrington (178)	1966		Mikrospannung zunehmend	Starke Abnahme		Zunahme sp.O. Aktivierung
AlN	Akashi (185)	1983	$0,6 \leqq P \leqq 6$	0,11–0,24	0,1	0,42–1,84	Aktivierung
TiN	Sawaoka (183)	1982	60	Mikrospannung zunehmend			
TiC	Palmour III (184)	1983	5 10,6	0,23 0,28	0,2 0,1	1,0 9,42	Aktivierung
B_4C	Bergmann-Barrington (178)	1966		Mikrospannung zunehmend			Aktivierung
Si_3N_4	Petrovic (115)	1983	26/57	0,4	0,1	5,03	

In Tabelle 7.2 sind die in der Literatur vorliegenden Befunde zusammengestellt.

Die größten Beträge der mittleren Verzerrungen von 0,8 % werden in Zirkonoxid (178) beobachtet. Es ist allerdings eine offene Frage, ob dies mit der bekannten Umwandlung in die tetragonale Phase während des Durchlaufens der Stoßwelle und anschließender Rückumwandlung zusammenhängt.

Ein Vergleich mit mechanischen Bearbeitungsverfahren erlaubt keine eindeutigen Folgerungen. So werden beim Mahlen von Aluminiumoxidpulver in einer Attritormühle weitaus geringere mittlere Gitterverzerrungen erzielt als beim Explosivverdichten (97,113) desselben Pulvers. Demgegenüber wird nach dem intensivem Mahlen von Titancarbid mit $\langle \varepsilon^2 \rangle^{\frac{1}{2}} = 0{,}3\ \%$ (184) eine ähnlich hohe mittlere Gitterverzerrung gemessen wie nach dem Explosivverdichten (184).

In einem Mullitpulver werden nach dem Explosivverdichten wesentlich höhere und mit dem Verdichtungsdruck zunehmende Gitterverzerrungen von bis zu 4,5 % festgestellt. Ein intensives Mahlen von Mullitpulver in einer Kugelmühle erzeugt hingegen nur mittlere Gitterverzerrungen von 0,7 % (186).

Das Ausheilen der durch Explosivverdichten in den Preßling eingebrachten Defektstruktur bei einer anschließenden Wärmebehandlung wurde von R.Prümmer und G.Ziegler an Aluminiumoxid untersucht. Im Vergleich zu gemahlenem Aluminiumoxid ergab sich beim explosiv verdichteten Aluminiumoxid eine bei niedrigerer Temperatur einsetzende und anschließend raschere Zunahme der röntgenographisch ermittelten mittleren Teilchengröße (113).

Die beim Explosivverdichten von keramischen Werkstoffen erzeugten mittleren Gitterverzerrungen sind wesentlich größer als die beim Verdichten in Metallpulvern auftretenden. Eine Abschätzung der Versetzungsdichte aus den auf röntgenographischem Wege gewonnen Meßdaten liefert Werte, die denen nach starker plastischer Deformation von Metallen auftretenden gleichkommen (110,169). Die durch die substrukturellen Änderungen in spröden Werkstoffen hervorgerufenen Änderungen der thermomechanischen und chemischen Eigenschaften stellen eine Herausforderung für die Erforschung stoßwellenbedingter Materialveränderungen dar. Auf entsprechende Ansätze wird im nächsten Kapitel eingegangen.

8 Aktivierung des Sintervorganges und der Reaktivität nach einer Stoßwellenbehandlung

Die Zunahme der inneren Energie nach einer Stoßwellenbehandlung von keramischen Pulvern ist beträchtlich höher als nach Stoßwellenbehandlung der entsprechenden Festkörper. Sie äußert sich z.B. in explosiv verdichtetem Aluminiumoxidpulver in einer Verzerrungsenergie von bis zu 7,5 J/g (176), wie aus der letzten Spalte der Tabelle 6.2 zu entnehmen ist. Ähnlich hohe Werte liegen bei Zirkonoxid (178,180) und bei Titanoxid (177) vor. In der letzten Spalte der Tabelle 6.2 findet sich oft die Bemerkung Aktivierung. So wurde bei Aluminium- und Magnesiumoxid sowie bei Silicium-, Titan- und Borcarbid eine Aktivierung des Sintervorganges nach einer Stoßwellenbehandlung beobachtet. Darunter versteht man eine Beschleunigung der Schrumpfung des Preßlings bei Sintertemperatur, wenn das Pulver zuvor einer Stoßwellenbehandlung ausgesetzt wurde. Die dadurch in das verpreßte Pulver eingebauten Versetzungen wirken demnach als Keime für ein Wachstum der Teilchen. Dies wird durch die Erholungsmessungen von R.Prümmer und G.Ziegler an Aluminiumoxid gezeigt, wobei ein Anstieg der Subkorngröße des stoßverdichteten Materials bei wesentlich früheren Temperaturen einsetzte und der Absolutwert der Subkorngröße höher ausfiel als der des angelieferten oder gemahlenen Materials (113). Weiterhin zeig H.Palmour III et al. (175) anhand von im Dilatometer durchgeführten Sinterversuchen an Aluminiumoxid, das bei 10,7 GPa stoßwellenbehandelt war, daß Ausheilvorgänge bereits bei 400 °C einsetzen und ihr Maximum dort erreichen, wo Sinterprozesse bei unbehandeltem Aluminiumoxid im allgemeinen erst einsetzen, nämlich bei ca. 900 – 1100 °C. Speziell im höheren Dichtebereich ergibt sich beim Sintern eine schnellere Zunahme der Dichte. Dies bedeutet, daß beim Sintern von explosiv aktiviertem Aluminiumoxid eine Beschleunigung des Sintervorganges vor allem dann ausgenutzt werden kann, wenn eine rasche Aufheizung auf Sintertemperatur erfolgt. Dabei wurde auch festgestellt, daß bei explosiv aktiviertem Material eine größere Tendenz zu einer Grobkornbildung existiert als bei unbeschocktem Aluminiumoxid.

Auch bei Titankarbid ergibt sich eine Aktivierung des Sintervorganges, die sich ebenfalls in höheren Dichten des Sinterkörpers auswirkt (184). Auch hierbei scheint eine Stoßwellenbehandlung des Titancarbids ein beschleunigtes Kornwachstum zu bewirken.

Auch beim Heißpressen wird eine deutliche Aktivierung festgestellt: Untersuchungen an Aluminiumnitrid und Aluminiumoxid, welche einer Stoßwelleneinwirkung von 20 GPa ausgesetzt waren, ergaben während des Heißpressens gegenüber nicht stoßwellenbehandeltem Material Schrumpfraten, die bis zu vier mal größer sind (188,189). Abb. 6.3 gibt diese Befunde wieder. Die Schrumpfrate in Abhängigkeit vom Stempeldruck für Aluminiumnitrid und -oxid ist nach einer Stoßwellenbehandlung bei den angegebenen Stoßwellendrücken wesentlich größer als in unbehandeltem Zustand.

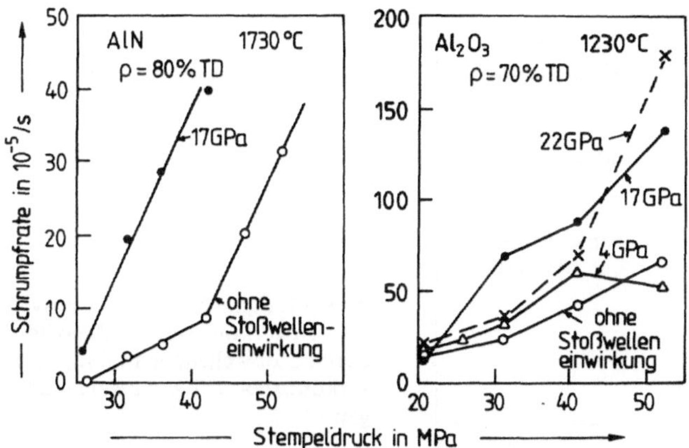

Abb. 8.1. Auswirkung einer Stoßwellenbehandlung von Aluminiumnitrid und -oxid auf die Schrumpfrate beim Heißpressen (180, 189)

Die nach Stoßwelleneinwirkung beobachtete Aktivierung wird ebenfalls einer hohen Dichte von Punkt- und Liniendefekten zugeschrieben. Dabei werden bei einer Untersuchung der gesinterten Proben Inhomogenitäten beobachtet, welche auf lokale Dichteschwankungen hinweisen. Bereiche mit unterschiedlichen Dichten können durch Inhomogenitäten der aktivierten Bereiche gedeutet werden. Denkbar ist, daß beim Explosivverdichten nur die Oberflächenbereiche der Pulverteilchen „aktiviert" werden und beim nachfolgenden Heißpressen aktivierte Bereiche schneller schrumpfen als nicht oder weniger stark aktivierte Bereiche.

In Ergänzung zu den geschilderten Befunden muß noch auf die Untersuchungen von G.A.Adadurov et al. (190) hingewiesen werden, welche nach dem Explosivverdichten von Titan-, Zirkon- und Wolframborid, sowie Titan-, Zirkon- und Molybdänsilizid, als auch von Titan-, Zirkon-, Niob- und Wolframkarbid ebenfalls eine Verbreiterung der Röntgeninterferenzen feststellen und aufgrund dieser Untersuchungen auf eine mögliche Aktivierung des Sintervorganges hinweisen. Dabei wird Versuchsmaterial, welches vom Zentrum der verdichteten Probe entnommen wurde, ausgeschlossen. Es ist anzunehmen, daß eine typische Überverdichtung in dem Sinne vorlag, daß eine Stoßwellenkonvergenz im Probenzentrum zu hohen Stoßwellentemperaturen führte, so daß es dort zu einem Ausheilen der Defektstruktur unmittelbar anschließend an den Verdichtungsvorgang kam.

Auch die chemische Reaktivität eines Stoffes kann durch Stoßwellenbehandlung gesteigert werden. Dies sei an einem Beispiel erläutert: die durch eine Stoßwellenbehandlung von Zirkonoxidpulver hervorgerufene Steigerung der Reaktivität wird anhand der Reaktion

$$ZrO_2 + PbO \rightarrow PbZrO_3$$

aufgezeigt (181). Die DTA (Differential-Therma-Analyse) wurde als Nachweis dieser Aktivierung herangezogen. Eine stöchiometrische Mischung aus Zirkon- und Bleioxid wurde erwärmt und dabei die exotherm verlaufende Reaktion beobachtet. Abb. 8.2 zeigt die DTA- Aufzeichnungen, wobei Zirkonoxidpulver vergleichsweise im anliefer- und stoßwellenbehandelten Zustand verwendet wurde. Beim explosiv behandelten Zirkonoxid wird unter sonst gleichen Bedingungen eine um 80 °C niedrigere Reaktionstemperatur erhalten.

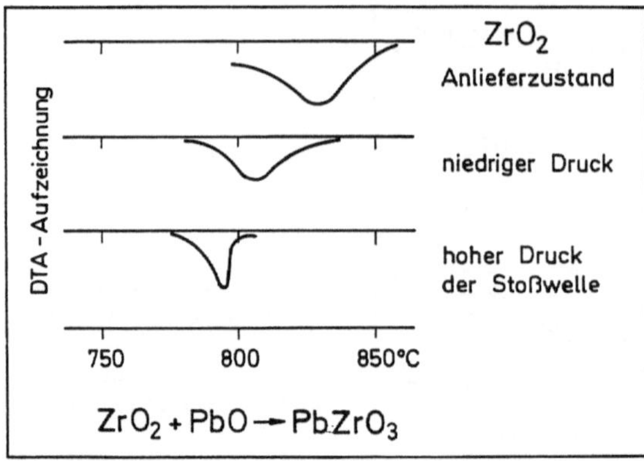

Abb. 8.2. Steigerung der Reaktivität von Zirkonoxid mit Bleioxid durch Stoßwellenbehandlung des Zirkonoxids; DTA-Aufzeichnungen

Nach einer Stoßwellenbehandlung von Kohlenstoff finden Y.Horiguchi und Y.Nomura (191) eine verstärkte chemische Reaktivität gegenüber Sauerstoff sowohl im Gas als auch in flüssigen Medien. Außerdem wird eine verstärkte Absorption von Jod beobachtet. Die Aktivierung ist abhängig von der Größe der Explosivladung zur Stoßwellenerzeugung.

Auch die katalytische Aktivität kann durch eine mittels Stoßwellen erzeugte Defektstruktur erhöht werden. So berichten S.S.Batsanov et al. (192) sowie J.Golden et al. (193) von einer ca. 50-fachen Steigerung der katalytischen Wirkung von Titanoxid zur Oxidation von Kohlenmonoxid zu Kohlendioxid, indem das Titanoxid der Wirkung einer Stoßwelle bis zu 33 GPa ausgesetzt wird. Dabei verfärbt sich das sonst weiße Titanoxid grau.

9 Stoßwellen-Synthesen

Chemische Reaktionen in Pulvermischungen einerseits und Phasenumwandlungen andererseits können durch Stoßwellen hervorgerufen werden. Dieser Effekt wird heute bereits industriell genutzt. Über entsprechende Entwicklungen wird im folgenden berichtet.

9.1 Chemische Reaktionen in Gemengen

Die erste chemische Reaktion, die in einem Pulvergemenge als Folge einer durchlaufenden Stoßwelle beobachtet wurde, war die der Bildung von Zinkferrit aus seinen Bestandteilen (194). Kurz darauf wurde Titancarbid durch das Explosivverdichten eines stöchiometrischen Gemenges aus Titan- und Graphitpulver (195) dargestellt. Auf dieselbe Weise wurden durch Explosivverdichten von Gemengen aus Ruß und Wolfram- bzw. Aluminiumpulver Metallcarbide gebildet, wobei bei einem Verhältnis aus eingesetzter Explosivstoff- und Metallpulvermenge von 5,0 bzw. 16 eine Ausbeute von 90 % Wolframcarbid (W_2C und WC) bzw. 42,5 % Aluminiumcarbid Al_4C_3 erzielt wurde (196). A.Deribas et al. (197) weisen röntgenographisch nach, daß bei der Verdichtung eines Pulvergemenges aus Graphit und Wolframpulver WC und W_2C entsteht. Es werden Teilchen von 1 mm Abmessung gefunden, die Härtewerte von 3500 HV aufweisen, während Wolframcarbid ansonsten Härtewerte von 2000 HV aufweist. Es wurde festgestellt, daß für das Zustandekommen einer chemischen Reaktion eine bestimmte Mindestmenge an Explosivstoff erforderlich ist. Doch selbst wenn die Reaktion nicht abläuft, ergibt sich bei einer nachträglichen Erhitzung des beschockten Materials zumindest eine Steigerung der Reaktionsgeschwindigkeit (198) bei der Bildung von Metallcarbiden.

Von Batsanov wurden eine große Zahl von Versuchen zur Erzeugung von Reaktionen durch Stoßwellen durchgeführt (199). So wurde ein Zusammenhang zwischen der erforderlichen Menge an Explosivstoff zur Einleitung der chemischen Reaktion unter Stoßbedingungen und der Reaktionstemperatur unter normalen Bedingungen gefunden (200,201). Auch wurde durch Temperaturmessungen in der Stoßwellenfront gezeigt, daß eine Synthese von einer exothermen Reaktion begleitet sein kann. So wurde bei der Verdichtung einer Mischung aus Zinn und Schwefel eine Stoßwellentemperatur von rd. 1000 °C gemessen, während sie bei der Verdichtung von Zinnsulfidpulver unter gleichen Bedingungen nur 130 °C beträgt (202). Es liegt also auch unter Stoßwelleneinfluß eine exotherme Reaktion vor.

Die Tatsache, daß eine chemische Reaktion nur abläuft, wenn eine bestimmte Explosivstoffmenge überschritten wird, ist offensichtlich so zu deuten, daß nicht allein der vorliegende Druck, sondern vor allem dessen Wirkdauer die Vollständigkeit einer unter Stoßbedingungen ablaufenden chemischen Reaktion bestimmt.

Da ein besonderes Interesse für die Praxis besteht, wurde die explosive Synthese von Supraleitern besonders vorangetrieben. So wurden supraleitende Verbindungen vom Typ Nb_3Sn (203,204) und Nb_3Si (205,206) aus Niob- und Zinn- bzw. Siliciumpulver durch Explosivpressen hergestellt. Um die dabei notwendigen Drücke zu erreichen, wird eine abgewandelte Technik angewandt: das das Pulvergemenge enthaltende Metallrohr ist nach einem bestimmten Abstand von einem weiteren Metallrohr umgeben, welches an seiner Außenseite von der Explosivladung umgeben ist. Bei axial verlaufender Detonation des Explosivstoffes wird zunächst das äußere Metallrohr beschleunigt und kollidiert dann unter hoher Geschwindigkeit mit dem Behälterrohr.

Aufgrund der Defektstruktur in durch Explosiv-Synthese hergestellten Supraleitern wird eine etwas höhere Übergangstemperatur beobachtet. Außerdem geht eine scharf ausgeprägte Sprungtemperatur für den Übergang zu der supraleitenden Eigenschaft verloren, und es wird vielmehr ein Übergangsbereich beobachtet.

Durch Verdichten einer stöchiometrischen Mischung bestehend aus 29 % TiO_2 und 71 % $BaCO_3$ konnten A.Deribas und A.Staver Bariumtitanat herstellen, welches einen piezoelektrischen Effekt aufweist und sich durch Anlegen eines elektrischen Feldes elektrisch polarisieren läßt. In manchen Fällen wies das Bariumtitanat schon unmittelbar nach der Stoßwellen-Synthese eine elektrische Polarisation auf (207).

Wie schon bereits beschrieben, bewirken unter sehr hohem Druck ablaufende chemische Reaktionen in dem entstehenden Reaktionsprodukt eine hohe Defektstellenkonzentration. So führen A.Deribas et al. (208) die erhöhte Härte in einem durch Stoßwellen hergestellten Wolframcarbid auf eine hohe Zwillingsdichte im WC zurück. In durch Explosiv-Synthese aus einer Mischung aus $CuBr_2$ und Cu hergestelltem CuBr wird eine Gitterkonstante von a = 0,5643 nm gegenüber der von a = 5,690 nm von konventionell hergestelltem CuBr gemessen (209). Außerdem ergibt sich eine größere Dichte und eine niedrigere Umwandlungstemperatur für die Sphalerit-Wurtzit-Umwandlung des CuBr von 375 °C gegenüber der bekannten Übergangstemperatur von 396 °C. Erst eine Wärmebehandlung bei 400 °C gleicht die Unterschiede in den Eigenschaften von explosiv und konventionell hergestelltem CuBr aus.

Abweichende Gitterkonstanten und physikalische Eigenschaften werden auch nach der Explosivsynthese von BN, CaF_2, CdF_2 festgestellt. Nach einer Wärmebehandlung gleichen sich die Werte denen des konventionell gefertigten Materials an (204,209).

9.2 Durch Phasenumwandlungen erzielte neue Stoffzustände

Phasenumwandlungen in Festkörpern aufgrund des in der Stoßwelle wirkenden hohen Druckes sind seit langem bekannt. Das bekannteste Beispiel ist die α-ε-Umwandlung von Armco-Eisen (74–76) bei einem Druck von 13 GPa (siehe Kap. 4.4). Es gibt jedoch eine Reihe von polymorphen Umwandlungen unter der Wirkung einer Stoßwelle, welche irreversibel ablaufen.Ein klassisches Beispiel ist die Umwandlung von rotem zu schwarzem Phosphor (210).

Umfangreiche neuere Versuche zur Verdichtung von Siliciumnitrid ergaben, daß die oft als Hochtemperaturphase bezeichnete β-Si_3N_4-Modifikation auch beim

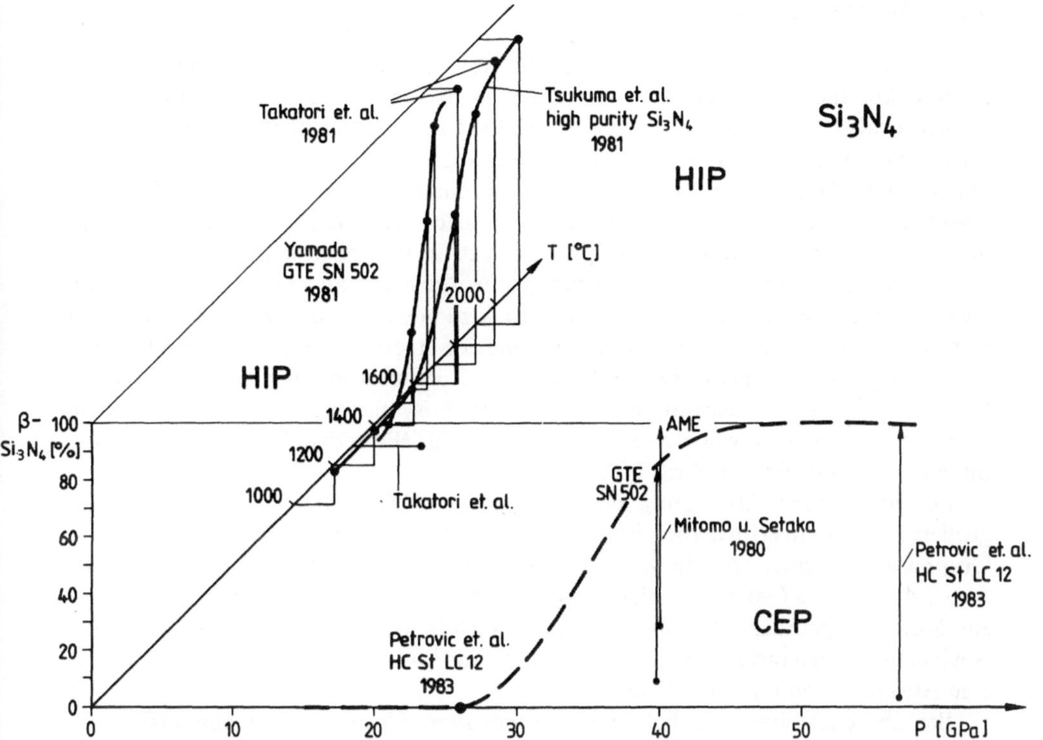

Abb. 9.1. Umwandlung von α-Si_3N_4 in die β-Modifikation unter den Bedingungen des Heißisostatischen Pressens (HIP) und des Explosivpressens (CEP) nach Angaben von (115, 211–214)

Explosivverdichten entsteht. In Abb. 9.1 sind die Befunde verschiedener Forschungsstellen zusammengefaßt (115,211-214). Normalerweise wandelt sich die α-Si_3N_4-Phase unter HIP-Bedingungen bei ca. 1600 °C in die β-Phase um, ohne daß bei Abkühlung eine Rückumwandlung stattfindet. Beim Explosivpressen (CEP = Cold Explosive Pressing) von α-Si_3N_4-Pulver setzt ebenso eine irreversible Umwandlung in die β-Phase bei einem Druck von ca. 30 GPa ein und scheint ab ca. 40 GPa vollständig abzulaufen. In der Literatur wird die Volumabnahme bei der α-β-Umwandlung von Si_3N_4 mit Werten zwischen 0,3 und 1 % angegeben.

Über das Umwandlungsverhalten von Festkörpern liegen bereits umfangreiche Daten vor (215). Hingegen wären nähere Kenntnisse über das Umwandlungsverhalten von Pulvern und Pulvergemischen wünschenswert. Es ist anzunehmen, daß Umwandlungsvorgänge bei Pulvern durch die Verformung der Teilchen zusätzlich induziert werden.

Am weitesten erforscht und wegen ihrer wirtschaftlichen Bedeutung in die Produktion bereits eingeführt sind die durch Stoßwellen eingeleitete Umwandlung des Graphits in seine Hochdruckmodifikation Diamant und die des graphitähnlichen Bornitrids in seine diamantähnliche kubische Modifikation.

9.2.1 Die Diamantsynthese

Die wohl bekannteste und wirtschaftlich nutzbare unter Stoßwelleneinwirkung zustandekommende Phasenumwandlung ist die der Graphit-Diamant-Umwandlung. Sie wurde als irreversible Umwandlung von De Carli entdeckt (216–218). Abb. 9.2 zeigt das Phasendiagramm von Kohlenstoff. Es existiert ein Tripelpunkt bei 12,5 GPa und 4100 °C. Der Mindestdruck, der für eine Diamant-Synthese bei hinreichender Ausbeute erforderlich ist, beträgt ca. 12,5 GPa. Die Ausbeute beträgt wenige Prozent und die Teilchengröße des Diamantpulvers liegt im Bereich von 1 µm

Die Bedingungen für eine möglichst große Ausbeute an Diamant wurden von De Carli erarbeitet. Wenn der Stoßwellendruck zu hoch oder die Dichte des Graphits zu niedrig gewählt wird, dann ist die Zunahme der inneren Energie zu groß. Die dann auftretenden Stoßtemperaturen bewirken eine Rückumwandlung des Diamants zu Graphit. Die beste Ausbeute wird mit einer Ausgangsdichte des Graphits von 1,8 g/cm^3 und einem Verdichtungsdruck von 10–70 GPa erzielt. Weitere Einzelheiten finden sich in der Patentschrift (218).

Da eine rasche Abkühlung des entstandenen Diamants zur Erzielung einer größeren Ausbeute erforderlich ist, gehen K.Kiyota et al. einen anderen Weg (219): Graphit wird in einer Anordnung, die der einer Hohlladung ähnlich ist, als Jet (siehe Abb. 2.4) auf eine Geschwindigkeit von 6500 m/s beschleunigt und dann mit Wasser zur Kollision gebracht. Bei der Kollision entsteht ein hoher Druck. Das Wasser bewirkt die nötige rasche Abkühlung des entstandenen Diamants. Es wird allerdings eine Ausbeute von nur ca. 3% erzielt.

Bei der explosiven Verdichtung von porösem Graphit zur Diamantsynthese werden hohe Temperaturen in der Stoßwellenfront entwickelt. Strebt man einen raschen Temperaturausgleich an, kann dem porösen Graphit das Pulver eines

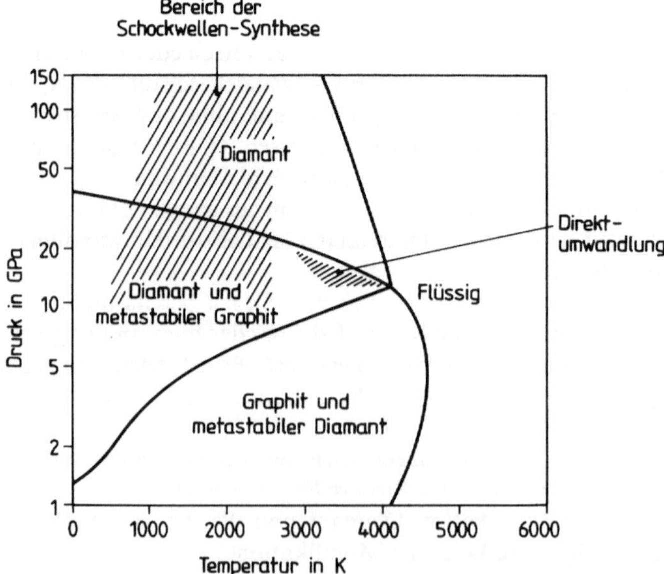

Abb. 9.2. Phasendiagramm von Kohlenstoff mit dem Bereich für die Diamantsynthese

Abb. 9.3. Anordnung zur Herstellung synthetischen Diamants durch Explosivverdichten

Werkstoffes beigemengt werden, welches weitaus geringere Stoßtemperaturen entwickelt, wie z.B. Kupfer- oder Nickelpulver. Diesen Weg beschritten G.Cowan und A.Holtzmann et al. (220) und andere (219–223). Es werden auf diese Weise Ausbeuten erzielt, die nahe bei 20 % liegen. Allerdings sind hierfür sehr große Ladungen erforderlich, um eine hohe Einwirkdauer des Detonationsdrucks auf das Graphit/Kupfer-Gemenge zu erzielen. Abb. 9.3 zeigt eine solche Ladung bei der Vorbereitung der Detonation in einem unterirdischen Gang. Die Ladung hat einen Durchmesser von 1300 mm bei einer Höhe von mehreren Metern.

Das das Pulvergemenge enthaltende Rohr weist dabei lediglich einen Durchmesser von 150 mm auf. Bei derart großen Ladungen wird eine Ausbeute von nahezu 80 % der eingesetzten Menge von Graphitpulver als Diamant erzielt.

Der auf diese Weise hergestellte Diamant ist pulvrig bei einer Korngröße von ca.10 bis 100 µm. Röntgenographische Untersuchungen an dem polykristallinen Material weisen auf eine hohe Fehlstellendichte und auf eine kleine Größe der Primärkristalle hin. Das so hergestellte Diamantpulver wird im wesentlichen als Schleifmittel verwendet oder durch abermalige Explosivverdichtung zu größeren polykristallinen Diamantkörpern verdichtet (224). Solche finden z.B. als Ziehdüsen ihre industrielle Anwendung.

9.2.2 Synthese von kubischem Bornitrid

Eine ähnliche Entwicklung wie bei der Diamantsynthese hat auch bei der Synthese von kubischem Bornitrid stattgefunden. Bornitrid kommt in drei Modifikationen vor. Bei Raumtemperatur ist die dem Graphit ähnliche stabil. Die dem Diamant ähnlichen Formen, eine kubische und eine hexagonale Wurtzit-Struktur, sind Hochdruckphasen. Das Zustandsdiagramm von BN ist dem von Diamant nahezu gleich. Der Tripelpunkt liegt bei 3250 °C und 9 GPa (225,226). Die Hochdruckphasen können ebenfalls als metastabiler Zustand auch unter Umgebungsbedingungen auftreten. Da die Härte dieser Hochdruckphasen nahezu der von Diamant entspricht, ist diese Form des Bornitrids ebenfalls als Schleifmittel geeignet. Die Stoßwellenverdichtung kann auf dieselbe Weise ausgeführt werden wie die Diamantsynthese.

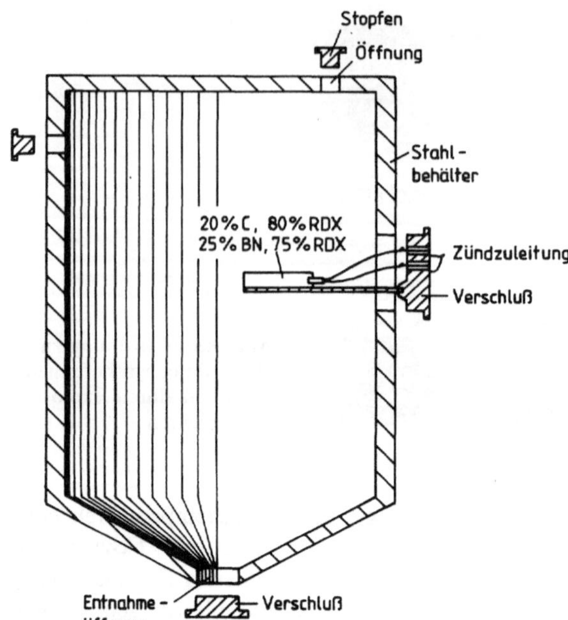

Abb. 9.4. Methode nach G.Zhdanovich et al. zur Herstellung von Diamant (Ausbeute 17%, <1 µm KG) und/oder diamantähnlichen Modifikationen von Bornitrid (Ausbeute 15%, <3 µm KG), nach (233)

R.Johnson & A.Mitchell ist es als ersten gelungen, die Hochdruckphase von Bornitrid während des Durchlaufens der Stoßwelle durch Beugungsuntersuchungen mit Röntgenblitzen direkt nachzuweisen (227).

Die Ausbeute bei der Explosivsynthese von kubischem Bornitrid beträgt ca. 80 % und ist abhängig von der Dichte des Ausgangsmaterials und dessen Kristallstruktur (228–232). Interessanterweise kann als Kühlmedium bei der Herstellung von kubischem Bornitrid auch Wasser herangezogen werden (232). Dies erleichtert die industrielle Fertigung.

Einen völlig neuen Weg zur Herstellung von kubischem Bornitrid und synthetischem Diamant gehen G.Zhdanovich et al. (233): feine Partikel aus Graphit oder Bornitrid mit Graphitstruktur mit Teilchengrößen von <100 µm werden zu einem Anteil von jeweils 20 bzw. 25 % mit RDX-Explosivstoff (siehe Tab. 4.1) gemischt und in einem evakuierten Behälter zur Detonation gebracht. Die rasche Abkühlung des Produkts erfolgt bei der Ausbreitung mit den Schwaden des Explosivstoffes mit ca. 10^8 K/s und soll ausreichen, eine Rückumwandlung des Diamants oder des kubischen Bornitrids zu vermeiden. Das Diamant- bzw. Bornitridpulver sammelt sich am Boden des Gefäßes an. Es wird eine Ausbeute bis 20 % angegeben. Abb. 9.4 zeigt diese Anordnung zur Herstellung von synthetischem Diamant- bzw. kubischem Bornitridpulver. Es entfällt bei dieser Methode die chemische Extraktion des anfallenden Diamant- oder kubischen Bornitridpulvers. Auch hierbei wird eine Weiterverarbeitung zu polykristallinen Bornitrid- bzw. Diamantfestkörpern vorgenommen (234).

10 Zusammenfassende Bewertung

10.1 Statische und dynamische Verdichtung – ein Vergleich

Unter dynamischer Verdichtung wird hier die Verdichtung von Pulvern mit Stoßwellen zu Feststoffen verstanden. Im Gegensatz dazu werden herkömmliche Verdichtungsverfahren als statische Verfahren bezeichnet. Wie in Kap. 4.1 bereits beschrieben wurde, ist die dynamische Verdichtung mit einer starken Zunahme der inneren Energie verbunden. Lokale Erhitzungen, insbesondere in den Oberflächenschichten der einzelnen Pulverpartikel, begünstigen beim dynamischen Verdichten eine engere Packung der Teilchen. Aufschmelzungen der Oberflächenbereiche, wie sie bei den dabei wirksamen hohen Drücken auftreten, können dabei zu einer Verschweißung der Pulverpartikel und damit bei bestimmten metallenen Pulversorten zu hohen Festigkeiten führen.

Die Dichtewerte, welche bei dynamischer Verdichtung erzielt werden, sind zwar nahezu 100 % der theoretischen Dichte des entsprechenden Festkörpers, jedoch ist es im Vergleich zu statischen Verfahren ungleich schwieriger, eine gleichmäßige Dichteverteilung über den Querschnitt des Preßlings zu erzielen. Ungleichmäßige Dichteverteilungen über den Querschnitt verursachen bei einer nachfolgenden Sinterbehandlung eine unerwünschte inhomogene Schrumpfung und folglich die Entstehung von Rissen. Umfangreiche Parameteruntersuchungen sind notwendig, um eine gleichmäßige Dichteverteilung zu erzielen. Hierbei ist der geeignete Explosivstoff (Detonationsgeschwindigkeit und Menge) dem zu verdichtenden Pulver anzupassen.

Ein wesentlicher Unterschied zwischen der explosiven Verdichtung bei zylindrischer Probenanordnung nach dem Direktverfahren und der statischen Verdichtung besteht außerdem darin, daß der explosiven Verdichtung wegen der Höhe der wirksamen Drücke unmittelbar eine plastische Deformation nachfolgt. Dies sei anhand der Abb. 10.1 erklärt, welche das Fortschreiten der Verdichtungsfront in der zylindrischen Probe während des Verdichtungsvorganges aufzeigt.

Zunächst wird die äußere, der Behälterwandung naheliegende Schicht durch die einlaufende Stoßwelle verdichtet. Beim Fortschreiten der Verdichtungsfront zum Zentrum erfährt das bereits verdichtete Material eine Stauchung in radialer Richtung. Diese ist umso größer, je kleiner die Packungsdichte des Pulvers vor der Verdichtung war. Für die in Umfangsrichtung auftretende Deformation gilt:

$$\varepsilon_{Umf} = 1 - \frac{\varrho_p}{\varrho_1} \tag{10.1}$$

wobei ϱ_p die Packungsdichte des Pulvers und ϱ_1 die Dichte des Preßlings ist. Bei einer Packungsdichte des Pulvers von 50 % und einer Dichte erzielten ϱ_1 von 100 % der

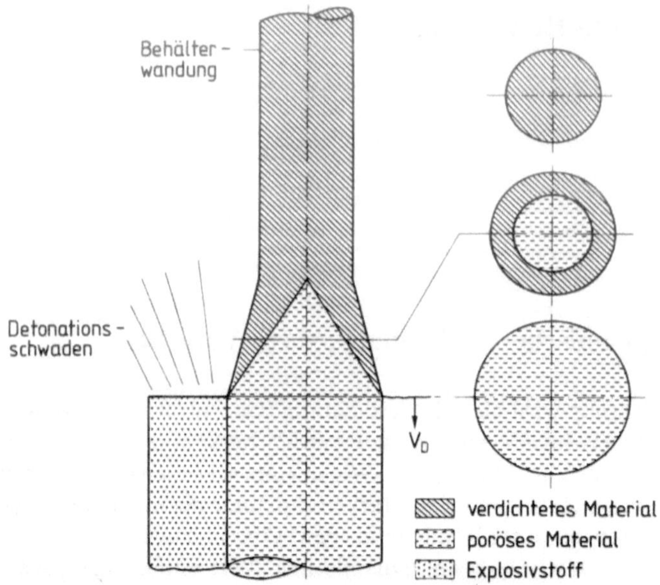

Abb. 10.1. Zeitlicher Ablauf des Verdichtungsvorganges bei zylindrischer Probenanordnung

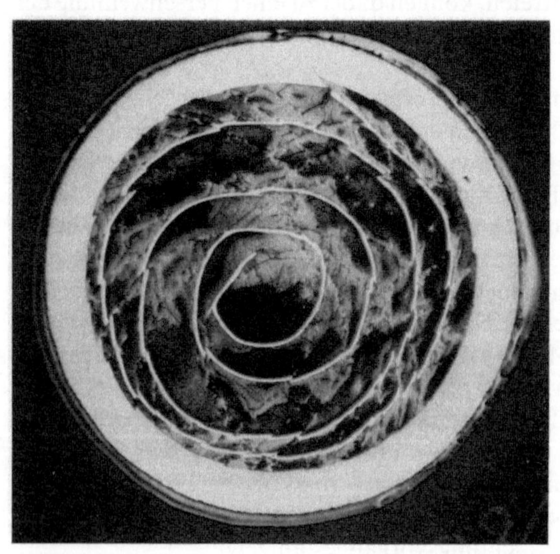

Abb. 10.2. Querschnitt einer Probe aus verdichtetem Aluminiumoxid mit spiralig angeordneter Nb-Folie. Scherbandbildung bei hoher Enddichte des Preßlings von ca. 98 % der theoretischen Dichte

theoretischen Dichte findet eine Stauchung von immerhin 30 % statt. Sie erfolgt mit hoher Verformungsgeschwindigkeit und unter hohem Druck. Bei keramischen Werkstoffen findet die Umformung aufgrund mangelnder Duktilität im allgemeinen durch die Bildung von Scherbändern statt, die nahezu unter 45° zur Hauptbeanspruchungsrichtung liegen. Abb. 10.2 zeigt dies am Beispiel einer verdichteten Aluminiumoxidprobe. Um die Scherbandbildung zu verdeutlichen, war die Probe mit einer Niobfolie von 0,1 mm Dicke in spiraliger Anordnung durchzogen worden. Es treten Abgleitungen in Aluminiumoxid bis zu ca. 0,4 mm auf, die sich am Rand der zylindrischen Probe in der Behälterwandung aus Stahl St37 fortseten. Erfahrungsge-

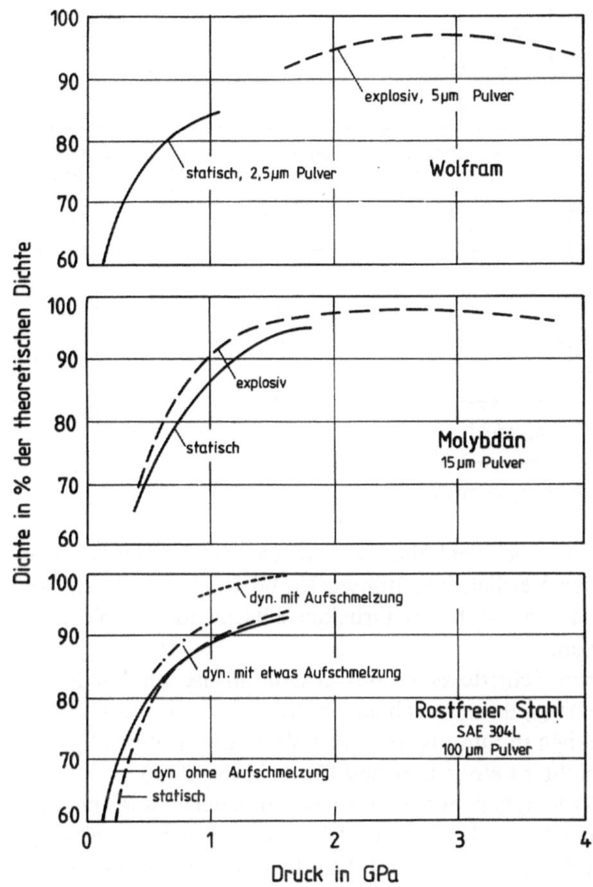

Abb. 10.3. Dichte-Druck-Zusammenhänge für statische und dynamische Verdichtung von W, Mo und Stahl SAE 304 L (11, 140, 160, 169)

mäß sind bei der Explosivverdichtung von Aluminiumoxid derartige Scherbänder vermeidbar, wenn man sich auf eine erzielbare Enddichte von ca. 95 % der theoretischen Dichte beschränkt.

Es ist überraschend, daß trotz der großen Unterschiede in den Mechanismen der Verdichtungsvorgänge bei statischer und dynamischer Verdichtung ähnliche Verdichtungskurven erzielt werden. Abb. 10.3 gibt vergleichende Untersuchungen (160) mit Pulvern aus Wolfram (111,235), Molybdän (169), Titan (169), rostfreiem Stahl (140,143) und Aluminiumoxid (169) wieder. Die statische Verdichtung wurde jeweils mit einer isostatisch wirkenden Presse durchgeführt. Die Drücke beim explosiven Pressen wurden nach Gl. 4.14 aus der Detonationsgeschwindigkeit ermittelt. Bei Verdichtung mit der Gaskanone wurden die Drücke über die Geschwindigkeit des Projektils eingestellt (143).

Die für die statische Verdichtung gültige Dichtekurve des Wolframs geht nahezu kontinuierlich in die explosive Verdichtungskurve über, wobei die maximale Verdichtung bei einem Druck von ca. 3 GPa auftritt. Bei Molybdänpulver liegt die explosive Verdichtungskurve gegenüber der statischen bei leicht höheren Werten. Beim Verdichten von Pulver aus rostfreiem Stahl mit Hilfe der Gaskanone werden ab einem Druck von ca. 0,7 GPa kleinere Dichtewerte erhalten, solange die Oberflächenbereiche der

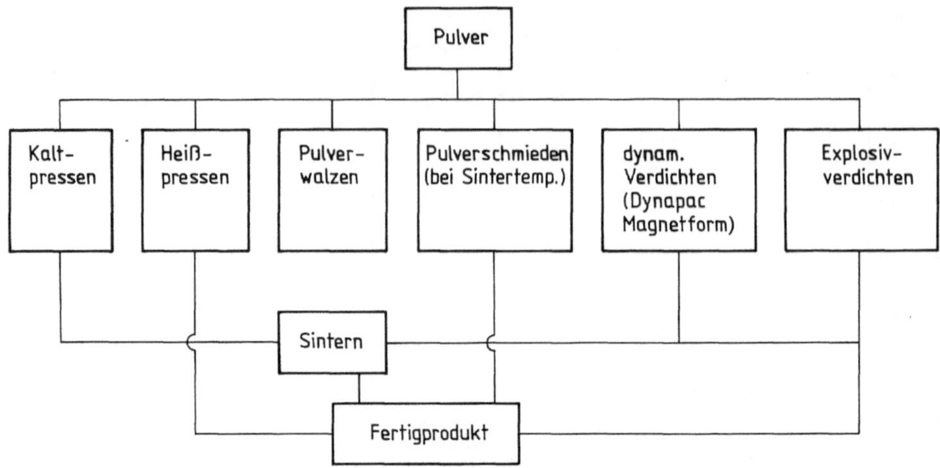

Abb. 10.4. Fertigungsschritte vom Pulver bis zum Fertigteil

Teilchen nicht anschmelzen. Sobald jedoch bei höheren Drücken Aufschmelzvorgänge einsetzen, werden bei dynamischer Verdichtung höhere Preßdichten erzielt als bei statischer Verdichtung. Dies ist der bei höheren Drücken einsetzenden explosiven Flüssigphasensinterung zuzuordnen.

In Abb. 10.4 sind die einzelnen Schritte einer pulvermetallurgischen Fertigung ausgehend vom Pulver bis zum Fertigteil für verschiedene Pulververdichtungsverfahren zusammengestellt. Eine Sinterbehandlung ist bei allen Verfahren notwendig, bei denen das Pulverpressen selbst nicht zu einer Bindung führt (236–240).

So führt ein Kaltpressen (236) lediglich zu einem Aneinanderrücken der Teilchen und gelegentlich, abhänging von der Form der Pulverteilchen, zu einem mechanischen Verhaken der Teilchen untereinander. Nur eine nachfolgende Sinterbehandlung kann hier zu einer Diffusionsschweißung und damit zu einer festen Verbindung der Teilchen untereinander führen. Auch nach dem Pulverwalzen, dem Verdichten von Pulvern in einem Walzspalt, bei dem das verdichtete Pulver den Walzspalt als Band verläßt, ist eine Sinterbehandlung zur Erzielung einer weiteren Verdichtung und einer ausreichenden Festigkeit notwendig (238). Lediglich diejenigen Verfahren, bei denen eine gleichzeitige Einwirkung von Druck und Temperatur erfolgt, wie beim Heißpressen (z.B. Hot Isostatic Pressling) und beim Pulverschmieden, erübrigt sich eine Sinterbehandlung naturgemäß. Allein beim Explosivverdichten besteht bei einer Reihe von Metallpulvern die Möglichkeit eines Anschmelzens der Oberflächenbereiche der kalten Pulverteilchen, also einer sog. explosiven Flüssigphasensinterung, die zu höchsten Festigkeiten im Bauteil führt.

Beim Magnetkraftverdichten von Pulvern (239,240) werden zwar annähernd hohe Dichten erzielt wie beim Explosivpressen, jedoch wurde eine Flüssigphasensinterung in der Art wie beim Explosivverdichten bisher nicht beobachtet, müßte aber grundsätzlich möglich sein. Offensichtlich ist bei diesem Verfahren die Geschwindigkeit der Bereitstellung der gespeicherten Energie nicht ausreichend, ähnlich steile Stoßwellenfronten wie beim Explosivverdichten zu erzeugen.

In Tabelle 10.1 sind die bei verschiedenen Pulververdichtungsverfahren einen Teilchenverbund herbeiführenden Bindemechanismen zusammengestellt. Diejenigen Mechanismen, welche zu einer festen Bindung zwischen den Teilchen beitragen

Tabelle 10.1. Bindemechanismen beim Verdichten von Pulvern

Mechanismus / Verfahren	Diffusions-schweißen	Reibschweißen	Explosiv-schweißen	Flüssigphasen-sintern
Kaltpressen	o	o	o	o
Pulverschmieden (bei Sintertemperatur)	(+)	+	o	o
Pulverwalzen	o	+	o	o
Elektrodynamisch Verdichten	o	+	Möglich? Noch nicht beobachtet	Möglich? Noch nicht beobachtet
Explosivverdichten	o	+	+	+
Sintern	+	o	o	+
Heißpressen	+	o	o	+

+ = wirksam
o = nicht wirksam

können, sind mit einem + gekennzeichnet. Ist das Zustandekommen einer Bindung nicht möglich, ist das Feld mit einer 0 markiert.

10.2 Besonderheiten des Explosivverdichtens

Der durch die unmittelbare Einwirkung des bei detonativer Umsetzung von Explosivstoffen entwickelte hohe Detonationsdruck führt zu hohen Stoßwellendrücken mit sehr steilem Druckanstieg (Anstieg innerhalb von 10^{-9} s). In der Stoßwellenfront auftretende sehr starke Relativbewegungen der einzelnen Pulverteilchen gegeneinander ermöglichen das Zustandekommen von Bindungen aufgrund verschiedener Mechanismen wie in Kap. 5 beschrieben und in Tabelle 10.1 zusammengestellt durch Explosivschweißen, Reibschweißen und explosive Flüssigphasensinterung. Beim Passieren der Stoßwelle auftretende strukturelle Änderungen sind vor allem in keramischen Werkstoffen interessant. Die daraus resultierenden Möglichkeiten, wie die Steuerung des Sinterverhaltens von keramischen Werkstoffen und die Herstellung von keramischen Werkstoffen aus reinen Pulvern (ohne die Verwendung von Sinterhilfsmitteln) sind noch nicht ausgeschöpft. Dem Verdichten erhitzter Pulver kommt bei weiteren Forschungsarbeiten hierbei eine besondere Bedeutung zu.

Beim explosiven Verdichten ermöglicht die unter hohem Druck und unter Temperaturentwicklung ablaufende Relativbewegung zudem chemische Reaktionen. Dadurch wird die Synthese von Werkstoffen aus reinen Komponenten ermöglicht. Derart synthetisierte Werkstoffe weisen gegenüber konventionell gefertigten eine hohe Fehlstellenkonzentration auf, wodurch die Entwicklung von Werkstoffzuständen mit speziellen physikalischen und chemischen Eigenschaften ermöglicht wird.

Darüber hinaus ermöglichen die beim Explosivverdichten auftretenden höchsten Drücke die Herbeiführung von Umwandlungsvorgängen wie bereits beschrieben. Diese können zur Darstellung von metastabilen Hochdruckphasen wie z.B. des Graphits und Bornitrids ausgenutzt werden. Auch die auf diese Weise erzeugten Hochdruckphasen weisen gegenüber konventionell z.B. in einer Tetraederpresse gefertigten Hochdruckphasen hohe Versetzungsdichten und minimale Kristallitgrößen auf, wodurch diesen Substanzen besondere Eigenschaften verliehen werden. Die Forschung auf diesem Gebiet steht erst am Anfang.

10.3 Prinzipielle Probleme der Halbzeug-Fertigung

Die Tatsache, daß poröse Substanzen die Eigenschaft haben, Stoßwellen stark zu dämpfen, ist der Grund dafür, daß zur Verdichtung von Platten großer Dicke große Explosivstoffmengen eingesetzt werden müssen. Bei einem streifenden Einfall der Detonationswelle unter ähnlichen Bedingungen wie beim Explosivschweißen (Kap. 2.3, Abb. 2.3) treten außerdem starke Scherkräfte auf. Die Herstellung von ebenen Platten ist deshalb nur mit Pulvern möglich, die nach dem Verdichten zu duktilen Preßlingen führen. So wurden dicke Brammen mit größerer Abmessung im Bereich von einigen Metern aus Aluminiumpulver, versetzt mit 7 % Aluminiumoxidpulver, Titan-, Eisen- und Nickelpulver gefertigt (237,241). Derartige Teile mit mehr als 100 kg Gewicht wurden durch Walzen und Extrudieren weiterverarbeitet.

Leichter ist die Herstellung rotationssymmetrischer Körper. Da durch die Konvergenz der Stoßwelle der im Pulver eintretenden Absorption entgegengewirkt werden kann, liegen hierbei keine Beschränkungen hinsichtlich des Durchmessers vor. So wurden beispielsweise bereits mehrere Meter lange Stangen aus Wolframpulver durch Explosivverdichten hergestellt. Rotationssymmetrische Teile, wie Rohre, Hohlkegel, Raketendüsen, Halbkugeln aus hochschmelzenden Legierungen sind ebenfalls herstellbar.

Geringe Abweichungen von der Rotationssymmetrie sind möglich. Aus Eisenlegierungspulver wurden bereits Stangen mit einem Profil ähnlich dem eines Zahnrads gefertigt. Die Abb. 10.5 zeigt Hohlkegel und Rohre, die durch Explosivverdichten aus Wolframpulver gefertigt wurden. Eine anschließende Sinterbehandlung war in diesem Fall erforderlich (110).

Eine Begrenzung zu hohen Durchmessern ist praktisch nur durch die Lärmbelästigung gegeben. So wurden bereits Stangen durch Verpressen von Pulver der Nickel-Basislegierung IN 100 von 115 mm Durchmesser, der Titan-Legierung TiAl6V4 aus Drehspänen von 180 mm, und aus Aluminiumpulver von 350 mm Durchmesser gefertigt. Bei der größten bisher praktizierten Verdichtung hatte die Ladung einen Durchmesser von 1100 mm. Die größte bereits großtechnisch genutzte Ladungsmenge dient zur Verdichtung von Graphit für die Diamantsynthese mit einem Durchmesser von 1300 mm und einer Länge von mehreren Metern.

Abb. 10.5. Durch Explosivverdichten aus Wolframpulver gefertigte Teile: Hohlkegel und Rohr (110)

11 Zusammenfassung

Nach einer kurzen historischen Einführung in die zivile Anwendung von Explosivstoffen werden die derzeit wichtigsten Anwendungsgebiete Explosivumformen, Explosivschweißen, Explosivschneiden und -härten sowie das explosive Verdichten in den wichtigsten Zügen umrissen.

Stoßwellen werden erzeugt entweder durch die Kollision von Festkörpern oder durch die Detonation von Explosivstoffen in unmittelbarem Kontakt mit einem Medium.

Das Materialverhalten unter der Wirkung von Stoßwellen wird durch die Hugoniot-Gleichungen beschrieben. Die gebräuchlichste Form der Hugoniot-Kurve ist die, welche den Zusammenhang zwischen dem Stoßwellendruck und dem Volumen des Werkstoffes beschreibt. Die innere Energiezunahme eines Werkstoffes beim Passieren einer Stoßwelle wird durch die Fläche unter der Hugoniot-Kurve charakterisiert. Das unterschiedliche Verhalten von Festkörpern einerseits und porösen bzw. pulvrigen Substanzen andererseits bei Einwirkung einer Stoßwelle wird anhand ihrer unterschiedlichen Hugoniot-Kurven deutlich. Die innere Energiezunahme während des Durchlaufens der Stoßwelle und die gespeicherte Energie danach ist bei porösen oder pulvrigen Substanzen größer als bei Festkörpern. Entsprechend werden bei porösen Stoffen höhere Stoßtemperaturen während und höhere Resttemperaturen nach dem Passieren der Stoßwelle beobachtet. Meßverfahren zur Bestimmung der Temperatur in Pulvern während des Durchlaufs einer Stoßwelle werden beschrieben und Ergebnisse mitgeteilt.

Das Direktverfahren ist das gebräuchlichste Verfahren zum Explosivverdichten, wobei der Detonationsdruck unmittelbar auf die Wandung des zylindrischen Behälters einwirkt. Die Form der sich ausbildenden Stoßwellenfront ist von entscheidendem Einfluß darauf, ob eine homogene Verdichtung im Preßling erzielt wird oder nicht. Sie kann mittels Röntgenblitzaufnahmen und durch das Einsetzen von elektrischen Kontakten im Pulver nachgewiesen werden. Die ideale Stoßwellenkonfiguration in der zylindrischen Probe ist die mit der Form eines Hohlkegels.

Die Parameter, welche zur Erzielung einer solchen Stoßwellenkonfiguration erforderlich sind, werden für eine Reihe von metallischen und keramischen Werkstoffen angegeben. Sie sind allein durch die Art und Menge des Explosivstoffes im Verhältnis zu der zu verdichtenden Pulvermenge bestimmt. Eine gleichmäßige Verdichtung bei gleichzeitig optimaler Dichte im Preßling erfordert eine Anpassung des Verdichtungsdruckes an das zu verdichtende Pulver. Bei Metallpulvern läßt sich ein Zusammenhang zwischen der Detonationsgeschwindigkeit v_D des einzusetzenden Explosivstoffes, der Dichte ϱ_0 und der Vickers-Härte HV der Pulverteilchen von der

Art

$$v_D = \sqrt{\frac{1,2 \cdot HV}{\varrho_0}}$$

angeben.

Bei keramischen Werkstoffen ergibt sich ein oberer Grenzwert der erzielbaren Dichte dadurch, daß Scherbänder auftreten, die den Verbund der Teilchen lockern.

Ein wesentliches Unterscheidungsmerkmal des Explosivverdichtens gegenüber konventionellen Verfahren des Pulverpressens ist die Temperaturentwicklung während des Durchlaufens der Stoßwelle. Der sehr rasch, innerhalb von ca. 10^{-9} s erfolgende Druckanstieg kann bei ausreichendem Druck zum Anschmelzen dünner Oberflächenbereiche der Pulverteilchen führen. Damit wird eine Verschweißung der Pulverteilchen untereinander erzielt. Man kann diesen Vorgang als explosive Flüssigphasensinterung bezeichnen. Weitere Bindemechanismen sind das Reib- und Explosivschweißen einzelner Pulverteilchen aneinander. Die Existenz derartiger Bindemechanismen wird durch metallographische Untersuchungen nachgewiesen. Bei einer Reihe von Werkstoffen kann bei ausreichender Wirksamkeit dieser Bindemechanismen eine Sinterbehandlung nach dem Explosivverdichten entfallen.

Die geschilderten Bindemechanismen, insbesondere das explosive Flüssigphasensintern, ermöglichen die Herstellung von massiven Teilen aus metallischen Gläsern. Solche sind bisher nur als dünne Folien (der Dicke bis zu 40 µm) oder als Pulver herstellbar.

In keramischen Pulvern wird aufgrund der beim Explosivverdichten wirksamen intensiven Stoßwelle und der dabei eintretenden extrem starken Verformung der Pulverteilchen eine hohe Fehlstellendichte erzeugt. Dies geht aus einer Zusammenstellung aller bisher in der Literatur vorliegenden Daten hervor. Z.B. liegt in Titanoxid nach dem Explosivverdichten eine gespeicherte spezifische Energie von 5,4 J/g vor. Derart hohe Energiebeträge sind nicht nur geeignet, den Sintervorgang bei keramischen Werkstoffen zu beschleunigen, sondern auch die chemische Reaktivität und die katalytische Wirkung solcher Substanzen zu erhöhen.

Ein weiteres Merkmal des Explosivverdichtens von pulvrigen Substanzen ist die Tatsache, daß beim Verdichten von Pulvergemengen chemische Reaktionen hervorgerufen werden können. Solche unter Stoßwelleneinfluß synthetisierte Verbindungen weisen infolge hoher Versetzungs- und Punktfehlerdichten gegenüber konventionell dargestellten Verbindungen abweichende physikalische und chemische Eigenschaften auf. Weitere Forschungsaktivitäten zur Erarbeitung der Gesetzmäßigkeiten dieser „Stoßwellenchemie“ werden als erforderlich angesehen.

Die von Explosivstoffen entwickelten Detonationsdrücke sind geeignet, Graphit in seine Hochdruckmodifikation Diamant umzuwandeln. Die Grundlagen und die großtechnische Verfahrensweise hierzu werden beschrieben. Von der gleichen industriellen Bedeutung ist die Darstellung von kubischem Bornitrid, der Hochdruckmodifikation von graphitähnlichem Bornitrid.

Das Explosivverdichten ist also nicht allein von Bedeutung als Verfahren zur Herstellung von Preßlingen hoher Dichte per se. Vielmehr ist es ein Werkzeug zur Darstellung neuer Stoffzustände. Die Stoßwellenbehandlung von Pulvern bewirkt weitergehende Materialveränderung als die Stoßwellenbehandlung der entsprechenden Festkörper. Starke plastische Deformationen und Defektkonzentrationen in keramischen Werkstoffen nach dem Verdichten der Pulver sind der Beweis dafür. Durch Stoßwellen hervorgerufene chemische Reaktionen in Pulvergemengen sind das Wahrzeichen für intensive mechanisch-chemische Prozesse von kürzester Dauer, die bei höchsten Drücken ablaufen. Derartige durch Stoßwellen bei höchstem Druck hervorgerufene Festkörperreaktionen mit der Möglichkeit, Werkstoffe mit bestimmten mechanisch-chemischen Eigenschaften zu schaffen, sollten eigentlich genügend Anreiz bieten, weitere Forschungsarbeiten auf diesem interessanten Forschungsgebiet zu forcieren.

12 Liste der häufig benutzten Symbole

a	Gitterkonstante
α	Anstellwinkel
β	Kollisionswinkel
C_0	Schallgeschwindigkeit
γ	dynamischer Biegewinkel
Γ	Grüneisenparameter
E_0,E	spezifische innere Energie vor und hinter der Stoßwelle
F	Fläche
K	Kompressionsmodul
K_{Ic}	Bruchzähigkeit
J_j	Masse des Jet
M	Pulvermenge
P	Stoßwellendruck
ϱ_0,ϱ	Dichte vor und hinter der Stoßwelle
ϱ_p	Rütteldichte des Pulvers
R	Ladungsabstand
s	Steigung U/u
Δt	Zeitintervall
u_0,u	Partikelgeschwindigkeit vor und hinter der Stoßwelle
U	Stoßwellengeschwindigkeit
v_D	Detonationsgeschwindigkeit
v_j	Geschwindigkeit des Jet
v_K	Kollisionsgeschwindigkeit
v_P	Plattengeschwindigkeit
$V=1/\varrho, V_0=1/\varrho_0$	spezifisches Volumen vor und hinter der Stoßwelle
V_E	Endvolumen nach Entlastung

13 Literaturhinweise

1 H.M.Feldhans: Was wissen wir von B.Schwarz, Z.f. historische Waffenkunde 4 (1953), 113–118

2 G.Gray, H.Marsh, and M.Mc.Laren: A short History of Gun Powder and the Role of Charcoal in its Manufacture, J.Mat.Sci. 17 (1982), 3385–3400

3 C.E.Munroe: Modern Explosives, Scribner's Magazine, Vol.3 (1888), 563–576

4 R.Anon: Du Pont Explosive Rivet Speed Blind Riveting, American Machinist/Metalworking Manufacturing, 1941, 7,729–30

5 E.W.Feddersen: The Convair Dynaforming Concept of High Energy Release Rate Forming, Am. Soc. Metals Report 1965

6 R.Prümmer: Explosivumformung von Mittel- und Grobblechen, DFBO Mitt. 1 (1974), 3–9

7 J.Schinnerling: Explosivumformung in der industriellen Praxis, ibid. 9–12

8 M.A.Cook: The Science of High Explosives (1958), Reinhold Publ., New York

9 J.S.Rinehart and J.Pearson: Behavior of Metals under Impulsive Loads, (1954), Am.Soc.Metals, Cleveland, USA

10 R.H.Cole: Underwater Explosions, (1949), Princeton University Press, Princeton

11 A.H.Keil: The Response of Ships to Underwater Explosions, AD 268 905, Report 1576, N 50, (1961)

12 H.G.Snay: Unterwasser-Explosionen, Hydromechanische Vorgänge und Wirkungen, Jahrbuch der Schiffbautechn. Gesellschaft 51 (1967) 222–233

13 H.M.Schauer: Pressures and Impulses from Underwater Explosions, J.Int.Conf. HERF, Estes Park, Ca. USA (1967)

14 V.Philipchuk: Explosive Welding Status – 1965, Paper SP 65–100, ASTME Creative Manufacturing Seminar, 1965

15 A.H.Holtzmann and G.R.Cowan: Bonding of Metals with Explosives, Welding Research Council Bull (1965), No. 104, 111–117

16 A.A.Deribas: Physik des Explosivschweißens, Novosibirsk, 1972

17 J.M.Walsh, R.G.Shreffler, and F.J.Willig: Limiting Conditions for Jet Formation in High Velocity Collisions, J. appl. Phys. 24 (1953), 349–354

18 R.Prümmer: Das Explosivschweißen – eine wesentliche Ergänzung zu den bestehenden Fügeverfahren, Z.Werkstofftechnik 3 (1972) H. 6, 306–310

19 S.H.Carpenter and R.H.Wittmann: Recent Developments in the Theory and Application of Explosive Welding, ASME MF-74-819, (1974)

20 R.Prümmer und H.Unterlerchner: Ultrahochvakuumdichte Titan- und rostfreier Stahl-Verbindungen durch Explosivschweißen, Vakuumtechnik 28 (1978), 162–167

21 U.Richter: Sprengschweißen – für alle Metallkombinationen, Fachberichte für Metallbearbeitung, 5 (1979), 144–148

22 H.B.Hix: Explosion Bonded Metals offer Diversivication in Vessel Design, Materials Performance 11 (1972), 28–31

23 R.Prümmer und G.Liesner: Fortschritte in der Anwendung des Explosivschweißens im chemischen Apparatebau, DVS-Berichte 36 (1975), 103–110

24 E.Wolff und R.Prümmer: Explosive Herstellung faserverstärkter Werkstoffe, Raumfahrtforschung 17 (1973), H.1, 16–22

25 G.Birkhoff, P.P.Mac Dougall, E.M.Pugh, and G.I.Taylor: Explosives With Lined Cavities, J.Appl.Phys. 19 (1948), 563

26 R.Prümmer: unveröffentlichte Resultate
27 J.Größler: Sprengtechnische Zerstörung von radioaktiven Großkomponenten bei der Stillegung von Kernkraftwerken, Ber. BMFT-RS 236 (1978)
28 J.Weertmann: Dislocation Mechanics at High Strain Rates, R.W.Rhode, B.M.Butcher, J.R.Holland und C.H.Karnes (eds.), Plenum Press, New York, (1973), 319
29 M.A.Meyers and L.E.Murr: Defect Generation in Shock Wave Deformation, Chapter 30, in: Shock Waves and High Strain Rate Phenomena in Metals, Plenum Press, New York and London, 1981
30 G.E.Dieter: Metallurigical Effects of High Intensity Shock Waves in Metals, In: P.G.Shewmon and V.F.Zackay (eds.), Response of Metals to High Velocity Deformation. Proc. AIME Conference, Estes Park, 1960, Interscience Publ., N.Y. 1962
31 C.Jessen und H.G.Otto: Kaltverfestigung durch Detonationsstoß, Bericht, 4/63 (1973), ISL
32 E.W. La Rocca and J.Pearson: Explosive Press for Use in Impulsive Load Studies, Review Scientific Instruments 29 (1958), 848; US Patent 2943 923 (4.6.1958)
33 E.M.Stein, J.R.van Orsdel, and P.V.Schneider: High Velocity Compaction of Iron Powder, Metal Progress 33 (1964), No. 4, 83
34 R.J.Brejcha and S.W.McGee: Compaction with a 0.38 cal. Blank, American Machinist 106 (1962), 63–65
35 J.W.Hagemeyer and J.A.Regalbuto: Dynamic Compaction of Metal Powders with a High Velocity Impact Device, Int. J. of Powder Metallurgy 4 (1968), No. 3, 19–24
36 M.H.Rice, R.G.Mc Queen, and J.M.Walsh: Compression of Solids by Strong Shock Waves, in: Solid State Physics, Advances in Research and Application, Acad. Press, New York, 1957, Vol. VI, 196–259
37 M.van Thiel: Compendium of Shock Wave Data, California University Livermore, Report UCRL-50108, Vol.I (1966) und Vol.I. Suppl. (1967)
38 J.M.Walsh, M.H.Rice, R.G.McQueen and F.L.Yarger: Shock Wave Compression of Twenty-Seven Metals: Equation of State of Metals, Phys. Rev. 108 (1957), No. 2, 196–216
39 Siehe z.B. B.H.K.Lee and J.H.S.Lee: Cylindrical Imploding Shock Waves, The Physics of Fluids 8 (1965), No. 12, 2148–2152
40 R.F.Flaggs and I.I.Glass: Explosive Driven, Spherical Implosions, Rev.Sci.Instr. 38 (1967), 1336–1339
41 E.Häusler und W.Kieffer: Nierensteinzertrümmerung mit geführten Stoßwellen, Annales Universitatis Saraviensis 11 (1974), 150–159
42 G.Konrad, M.Ziegler und E.Häusler: Fokussierte Stoßwellen zur berührungsfreien Nierensteinzertrümmerung, Urologie A (1979), 289–293
43 J.M.Walsh and R.H.Christian: Equation of State of Metals from Shock Wave Measurements, Phys. Review 97 (1955), 6, 1544–1556
44 R.G.McQueen, S.P.Marsh, J.W.Taylor, J.N.Fritz and W.J.Carter: The Equation of State of Solids from Shock Wave Studies, in: High Velocitiy Impact Phenomena, R.Kinslow (ed.) Academic Press, New York, 1970, 239–417
45 D.Bancroft, E.L.Peterson and S.Minshall: Polymorphism of Iron at High Pressure, J.Appl.Physics 27 (1956), No. 3, 291–298
46 J.B.Kohn: Compilation of Hugoniot-Equations of State, AFWL-TR-69-39, Air Force Weapons Lab., Kirtland AFB, NM (1969)
47 O.E.Jones and A.R.Graham: Shear Effects on Phase Transition Pressures Determined from Shock-Compression Experiments, Accurate Characterization of the High Pressure Environment, E.C.Lloyd ed. NBS-SP 326 (1971)
48 T.J.Ahrens, W.H.Gust, and E.B.Royce: Material Strength Effect in Shock Compression of Alumina, J.appl.Phys. 39 (1968), 4610–4616
49 H.W.Gust: Hugoniot Elastic Limits and Compression Parameters for Brittle Materials, 7th AiRAPT High Pressure Conf., Le Creusot, Frankreich, 1979, Preprint UCRL-83020
50 R.R.Boade: Compression of Porous Copper by Shock Waves, J.Appl.Phys. 39 (1968), No. 12, 5693–5702
51 R.R.Boade: Dynamic Compaction of Porous Tungsten, J.Appl.Phys. 40 (1969), No. 9, 3781–3785
52 R.R.Boade: Principle Hugoniot, Second Shock Hugoniot and Release Behavior of Pressed Copper Powder, J.Appl.Phys. 41 (1970), No. 11, 4542–4551

53 R.R.Boade: Experimental Shock Loading Properties of Porous Materials and Analytical Methods to Describe These Properties, SC-DC-70-5052 (1970), 39 S
54 M.Waltermann: Equation of State of Crushable Distended Materials, Sandia Corp. SC-RR-66-278 (1967)
55 B.M.Butcher and C.H.Karnes: Dynamic Compaction of Porous Iron, J.Appl.Phys. 40 (1969), No. 7, 2967–2976
56 B.M.Butcher, M.M.Carrol, and A.C.Holt: Shock Wave Compaction of Porous Aluminum, J.Appl.Phys. 45 (1974), No. 9, 3864–3875
57 R.K.Linde and D.N.Schmidt: Shock Propagation in Porous Solids, J.Appl.Phys. 37 (1966), No. 8, 3259–3271
58 W.P.Gourdine and A.N.Smugeresky: Microstructural Modification of Aluminum-Silicon Alloy Powders During Dynamic Consolidation, 3th. Conf. Rapid Solidification Processing, Gaithersburg, MA., 1982
59 Computational Representation of Consitutive Relations for Porous Material, SRI-Report DNA 3412 F (1974)
60 A.Berthmann: Explosivstoffe, C.Hanser Verlag, München 1960
61 R.Meyer: Explosivstoffe, Verlag Chemie, Weinheim 1979
62 M.Held: Detonics, Paper L-4, Proc. Int. AVL-Symp. on Ballistics, Graz, 1979
63 R.Prümmer: Eine neue, unkomplizierte Methode zur simultanen Bestimmung verschiedener Parameter beim Explosivschweißen, Explosivstoffe 60 (1972), 137–143
64 A.H.Holtzman and G.R.Cowan: The Strengthening of Austenitic Manganes Steel by Plane Shock Waves, in (30), p.447–482
65 M.A.Meyers and L.E.Murr: Defect Generation in Shock Wave Deformation, in: Shock Waves and High Strain-Rate Phenomena in Metals, M.A.Meyers and L.E.Murr (eds.), Plenum Press, New York and London, 1981, p.531
66 J.George: An Electron Microscope Investigation of Explosively Loaded Copper, Phil.Mag. 15 (1967), 497
67 R.L.Nolder and G.Thomas: The Substructure of Plastically Deformed Nickel, Acta.Met. 12 (1964), 227
68 L.E.Murr: Residual Microstructure – Mechanical Property Relationships in Shock Loaded Metals and Alloys, in: Shock Waves and High Strain Rate Phenomena in Metals, M.A.Meyers and L.E.Murr (eds.), Plenum Press, New York and London, 1981, 531
69 C.S.Smith: Metallographic Studies of Metals after Explosive Shock, Trans. AIME 212 (1958), 574
70 M.E.Otto and R.Mikesell: The Shock Hardening of Structural Metals, 1. HERF-Conf. Denver (1967), 7.6.1
71 C.M.Fowler, F.S.Minshall, and E.G.Zukas: A Metallurgical Method for Simplifying the Determination of Hugoniot-Curves for Iron Alloys in the Two Phase Region, in: Response of Metals to High Velocity Deformation, P.G.Shewmon and V.F.Zacky (eds.), Interscience Publ., New York, London, 1961, p. 275
72 C.A.Verbraak: The Science and Technology of Selected Refactory Metals, Macmillan Co., New York, 1964, p.219
73 M.K.Koul and J.F.Breedis: The Science, Technology and Application of Titanium, Pergamon Press, Oxford (1969), 795
74 P.C.Johnson, B.A.Stein, and R.S.Davis: Temperature Dependence of Shock-Induced Phase Transformations in Iron, J.Appl.Phys. 33 (1962), 557
75 R.L.Clendenen and H.G.Drickamer: Polymorphism of Iron at High Pressure, J.Phys.Chem.Solids 25 (1964), 865–872
76 L.M.Barker and R.E.Hollenbach: Wave Profiles in Impact Loaded Iron, J.Appl.Phys. 45 (1974), 4872–4885
77 S.W.Porembka and C.C.Simons: Compacting Metal Powders with Explosives, Powder Metallurgy 6 (1960), 125
78 W.T.Montgomery and H.Thomas: The Compaction of Metal Powders by Explosives, Powder Metallurgy 6 (1960), 125–128
79 J.Pearson: The Explosive Compaction of Powders, in: Advances in High Energy Rate Forming, ASTME, Detroit (1961), SP 60–158
80 J.Pearson: High Energy Rate Forming, ASTME SP, 60–150, Dez.1961

81 S.J.Paprocki, C.Simons, and R.J.Carlson: Advances in High Energy Rate Forming, ASTME SP, 62–79, 1962

82 G.Geltman: Explosive Compaction of Metal Powders, Progr. Powder Met. 18 (1962), 7–13

83 I.Liebermann, L.H.Knop, and L.Zernow: High Energy Rate Forming, ASTME-SP, 23–29, 1962

84 W.S.Porembka and C.C.Simons: Explosively Compacted UO_2 Fuel Element Symposium, Nov. 1963

85 S.S.Batsanov and A.A.Deribas: Structural Changes in Neodymium Oxide in Shock Loading Experiments, Fiz. Gorenija i Vzryva 1 (1965), 103–108

86 R.W.Leonard: Direct Explosive Compaction of Powder Materials, Batelle Techn. Review 17 (1968), 10, 13–17

87 Y.Nomura: Explosivformpressen von Metallpulvern und seine industrielle Anwendbarkeit, Kinzou (Metals, jap.) 35 (1965), No. 4, 40–45

88 S.W.Porembka and C.C.Simons: Compacting Metal Powders with Explosives, ASTME SP 60–102, (1961)

89 G.A.Adadurov, A.N.Dremin, G.I.Kanel and S.W.Perschin: Bestimmung der Parameter der Stoßwellen in Stoffen bei ihrer Behandlung in zylindrischen Ampullen, Fiz. Gorenija i Vzryva 3 (1967), 2, 281–284

90 A.A.Deribas and V.V.Krupin et al.:Shock Wave Compression of Some inorganic Compounds, Fizika Gorenija i Vzryva 9 (1973), 883

91 Yu.N.Riabinin: Certain Experiments on Dynamic Compression of Substances, Sovj. Phys.-Techn. Phys. 1 (1956), 2575

92 Yu.N.Riabinin: Sublimation of Crystal Lattice under Action of A Strong Shock Wave, Doklady Akademii Nauk SSSR 109 (1956), 289–291

93 L.A.Maksimenko, M.B.Shtern, I.D.Radomyselski, and G.G.Serdynk: Generation of Strong Shock Waves in the High Speed Pressing of Metal Powders, Sovj. Powder Metallurgy and Metal Ceramics, 11 (1972), Nr. 4

94 R.Prümmer: Die Verdichtung von Metall- und Keramikpulvern sowie deren Mischungen durch Explosivdruck, Berichte der Deutschen Keramischen Gesellschaft 50 (1973), 75–81

95 R.W.Leonard, D.Laber and V.D.Linse: Advances in Explosive Powder Compaction, Proc. 2nd. Int. Conf. HERF, Estes Park, Co., USA (1969), 8–31

96 G.E.Kuzmin and A.M.Staver: Determination of the Flow Parameters with the Shock Loading of Powdered Samples, Fiz. Gorenija i Vzryva 9 (1973), 898–905

97 R.Prümmer und G.Ziegler: Strukturelle Änderungen beim Explosivverdichten von Aluminiumoxidpulvern, Ber.d.Deutschen Keram.Gesellschaft 51 (1974), 12, 343–347

98 R.Prümmer: Bericht zum Forschungsvorhaben TO 240/02430/01022 BMVg, 1973

99 A.M.Staver: Physical Phenomena at the Compaction of Powder Materials by Explosives, Proc. 5th Intntl. HERF-Conf. (1975), Denver, Co., USA, siehe auch: Shock Waves and High Strain Rate Phenomena in Metals, M.A.Meyers and L.E.Murr (eds.), Plenum Press, New York, London, 1981

100 A.A.Deribas and A.M.Staver: Shock Compression of Porous Cylindrical Bodies, Fizika Gorenija i Vzryva 10 (1974), No. 4, 568–578

101 A.N.Dremin and K.K.Shedov: Prikl. Mekh. Tekh. Fiz. 2 (1964), 154–157

102 G.R.Fowles and W.M.Isbell: Method for Hugoniot Equation of State Measurements at extreme Pressures, J.Appl.Phys. 36 (1965), No. 4, 1377–1382

103 K.Hollenberg: Untersuchungen an Stoßwellen in Wasser und dessen elektrische Leitfähigkeit bei dynamischen Drücken bis 400 kbar, Diss. Univ. Düsseldorf, 1973

104 K.Hollenberg und F.Müller: Der Mach-Effekt in dichten Medien bei zylindersymmetrischer Anordnung und seine Anwendung zur Beschleunigung von Materie, DOK Form BW 51/70-FBWT 72-3 (1971)

105 D.Schmid, F.Bock-Nußbaum, R.Prümmer und H.P.Balserowiak: Über Möglichkeiten zur explosiven Verdichtung von Pulvern, insbes. Wolfram, nach dem Direktverfahren, Proc. 7, Plansee-Seminar, Reutte/Tirol, 1971

106 D.E.Strohecker: High Velocity Compaction of Metal Powders, in: High Energy Rate Working of Metals, Oslo, Central Inst. Ind. Res. (1964), 481

107 R.W.Laber: Direct Explosive Compaction of Powder Materials, Battelle Techn. Rev., Nov./Dez. (1968), 13

108 A.R.C.Lennon, A.K.Balla and J.D.Williams: Powder Compaction by Explosives, Proc. 6th Int. Conf. HERF, Sept. 1977, Essen, Germany
109 A.N.Mikhailov and A.N.Dremin: Determination of the Parameters of Shock Compression with the Explosion Pressing of Metallic Powders, Fizika Gorenija i Vzryva 13 (1977), No. 1, 115–122
110 R.Prümmer: Latest Results in the Explosive Compaction of Metal and Ceramic Powders and their Mixtures, Proc. 4th Intntl. Conf. HERF, Vail/Co. USA, 1973
111 R.Prümmer: Explosive Compaction of Powdered Materials, Proc. 6th AIRAPT-Conf. High Pressure Science and Technology, eds. K.D.Timmerhaus und M.S.Barber (1979), Plenum Press, New York Vd. 2, 814–818
112 P.O.Paschkov, S.P.Pisarev, V.D.Bogozin and A.Trudov: The Shock Compressibility of Powders, Proc. II All Union Sympos. on Pulse Pressures, Moskau, 1976
113 R.Prümmer and G.Ziegler: Structure and Annealing Behavior of Explosively Compacted Alumina Powders, Powder Metallurgy Intntl. 1 (1977)
114 D.G.Morris: Dynamic Compaction of Metallic Glasses and Microcrystalline Materials, Proc. 2nd, Int. Conf. Rapid Solidification Processing, Preston, Va, USA, 1980
115 J.J.Petrovic, B.W.Olinger, and R.P.Roof: Behavior of Si_3N_4-Powder Subjected to Explosive Shock Loading, Proc. Shock Waves in Condensed Matter, 1983 Am. Physical Soc.Conf., Santa Fe, New Mexico, USA
116 H.Wolf: Explosivverdichten von Pulver und Einfluß der Treiberabmessungen auf das Verdichtungsergebnis, ZiS Mitt. 25 (1983), H. 2, 167–174
117 M.L.Wilkins, in: Methods of Computational Physics, Vol.3 (1964); B.Alder, S.Fernbach and M.Rotenberg (eds.), Academic Press, New York
118 C.Hoenig, A.Holt, M.Finger und W.Kuhl: Hydrodynamic Modeling and Explosive Compaction of Ceramics, UCRL-79345, (1977)
119 M.L.Wilkins and C.Cline: Computer Simulation of Dynamic Compaction, UCRL-88031 Preprint (1982), 28p
120 R.Prümmer: Vorrichtung zum explosiven Verdichten von erhitztem Metall- und Keramikpulver, Patent No. 2436951
121 R.Prümmer: unveröffentlichte Resultate
122 O.V.Roman and V.G.Gorobtsov: Hot Explosive Pressing of Powder Materials, Int. Journal Powder Metallurgy and Powder Technology 11 (1975), 55–59
123 E.S.Atroschenko und V.A.Kosovitsch: Erhitzung von Pulvern beim Explosivverdichten, Technologija Maschinostrojenija, Volgograd, 1971, 67–70
124 K.K.Krupnikov, M.I.Braznik, and V.P.Krupnikova: Shock Compression of Porous Tungsten, J.Exptl. Theoret. Phys. (USSR) 42 (1962), 675–685
125 I.M.Pikus and O.V.Roman: Possibility of Experimental Determination of the Heating Temperature of Porous Bodies with Explosive Loading, Fiz. Gorenija i Vzryva 10 (1974), No. 5, 782–783
126 N.F.Kuning, B.D.Yurchenko and O.P.Ovchinikov: Combined Effect of Temperature and Rate on the Compaction Process of Metal Powders, Poroshkovaja Metallurgija 10 (1971), No. 10, 19–25
127 S.S.Batsanov: Messung der Temperatur von Stoffen nach der Stoßkompression, Fiz. Gorenija i Vzryva 4 (1968), 1, 108–111
128 G.V.Beljakov, L.D.Livshits und V.N.Rodinov: Wirkung der Detonation auf Materie, Thermodynamik der Stoßkompression pulverförmiger Stoffe, Izv. Earth Physics 10 (1974), 92–94
129 V.F.Nesterenko: Elektrischer Effekt bei der Stoßerwärmung metallischer Kontakte, Fiz. Gorenija i Vzryva 11 (1975), Nr. 3
130 V.F.Nesterenko, Novosibirsk, 1984, pers. Mitteilung
131 G.L.Moss: Shear Strains, Strain Rates and Temperature Changes in Adiabatic Shear Bands, Proc. Conf. Metallurgical Effects of High Strain-Rate Deformation and Fabrication, Albuquerque, New Mexico, 1980
132 R.Prümmer: unveröffentl. Resultate
133 Ni-Basislegierung, Argonverdüst, Fa. INCO
134 D.Reybould: On the Properties of Material Fabricated by Dynamic Powder Compaction, Proc. 7th Intntl. Conf. HERF, Leeds, (1981), 261–273

135 R.Prümmer: Explosivbearbeitung von Werkstoffen, Z.Werkstofftechnik, J.of Materials Technology 4 (1973), 236–243

136 Ni-Basislegierung, Argonverdüst, Whittaker Corp

137 M.A.Meyers, B.B.Gupta and L.E.Murr: Shock Wave Compaction of Rapidly-Solidified Superalloy Powders, J. of Metals 33 (1981), 21–27

138 Ni-Basislegierung, Argonverdüst, Pratt & Whitney Corp

139 entspricht dem Stahl S 6–5–2

140 D.Reybould: The Properties of Stainless Steel Compacted Dynamically to Produce Cold Interparticle Welding, J. Mat. Sci 16 (1981), 589–598

141 C.L.Hoenig and C.S.Yust: Explosive Compaction of AlN, Amorphous Si_3N_4, Boron and Al_2O_3 Ceramics, Ceramic Bulletin 60 (198), No. 11, 1175–1224

142 W.H.Gourdin, C.J.Ecker, C.F.Cline, and L.E.Tanner: Microstructure of Explosively Compacted Aluminium Nitride Ceramic, Proc. 7th Intntl. Conf. HERF, Leeds, (1981), 225–233

143 D.Reybould: The Cold Welding of Powders by Dynamic Compaction, Int. Journal of Powder Metallurgy and Powder Technology 16 (1980), 9–12

144 D.G.Morris: The Compaction and Mechanical Properties of Metallic Glass, Metal Science 15 (1981), 116–124

145 R.B.Schwarz, P.Kasiraj, T.Vreeland Jr., and T.J.Ahrens: A Theory for the Shock Wave Consolidation of Powders, eingereicht bei acta met

146 W.H.Gourdin: Energy Deposition and Microstructural Modification in Dynamically Consolidated Metal Powders, eingereicht bei J. appl. Phys

147 R.H.Wittmann: The Influence of Collision Parameters on the Strength and Microstructure of an Explosion Welded Aluminum Alloy, 2. Int. Symp. Anwendung von Explosivstoffen in der Verarbeitung metallener Werkstoffe, Marienbad, CSSR, 1973

148 L.E.Murr, S.M.Tuominen, A.W.Hare, and S.H.Wang: Structure and Hardness of Explosivly Consolidated Molybdenum, Materials Science and Engineering, 57 (1983), 107–111

149 R.Prümmer and W.Klemm: Massive Parts of Metallic Glass made by Explosive Liquid Phase Sinter Treatment, Proc. Powder Met. Sympos., Düsseldorf, Juli 1986

150 D.G.Morris: Dynamic Compaction of Rapidly Quenched Materials, Proc. 4th. Int. Conf. on Rapid Solidification Processes, Sendon, Japan (1981)

151 R.B.Schwarz, P.Kasiraj, T.Vreeland Jr. and T.J.Ahrens: The Effect of Shock Duration on the Dynamic Consolidation of Powders, Proc. APS Conf. Shock Waves in Condensed Matter, Santa Fe, New Mexico, USA, 1983

152 P.Böhle und F.Erdmann-Jesnitzer: Beitrag zur Explosivumformung von Aluminiumpulver, Aluminium 44 (1968), 683–685

153 D.S.Wittkowski and H.Otto: A Comparison of Conventional and High Energy Rate Metal Powder Compaction Utilizing Ancorsteel 1000 Iron Powder, 4th Intntl. Conf. HERF, Denver, Co., USA, 1973

154 H.W.Gust and E.B.Royce: Dynamic Yield Strength of B_4C, BeO and Al_2O_3-Ceramics, J.appl.Phys. 42 (1971), 276

155 C.Hoenig, A.Holt, M.Finger, and W.Kuhl: Hydrodynamic Modeling and Explosive Compaction of Ceramics, Proc. 16th. Intnl. Conf. HERF, Essen, 1977

156 H.W.Gourdin, S.L.Weinland, C.J.Echer, and S.L.Huffsmith: Explosive Consolidation of Aluminum Nitride Ceramic Powder: A Case History, Proc. 19th. Univ. Conf. on Ceramic Science Dept. Materials Science / NCSU, 1981, Raleigh N.C., USA

157 C.F.Cline and H.C.Heard: Mechanical Behavior of Polycrystalline BeO, Al_2O_3 and AlN at High Pressure, J. Mat. Sci. 15 (1980), 1889

158 C.F.Cline and R.W.Hopper: Mechanical Behavior of Polycrystalline BeO, Al_2O_3 and AlN at High Pressure, Scripta Metall. 11 (1977), 1137–1141

159 R.Prümmer: Explosive Welding of Metallic Glasses onto Metals, Proc. II. EWM–Symposium, Novosibirsk, Sept. 1981 und: Z.f.Werkstofftechnik/J. Mat. Techn. 13 (1982), 44–48

160 R.Prümmer: Dynamic Compaction of Powders, Proc. 19th. Univ.Conf.: Emergent Process Methods for High Technology Ceramics, Raleigh, N.C., USA, 1982

161 D.G.Morris: The Properties of Dynamically Compacted Metglas R 2826, J. Mat. Sci. 17 (1982), 1789–1794

162 Produkt der Allied Chemical Corp., Fe Ni40 P14 B6
163 C.F.Cline and M.L.Wilkins: Dynamic Consolidation of a Rapidly Solidified Ni-Mo-B-Alloy, 8th. Int. HERF Conference, San Antonio, TX, 1984
164 D.G.Morris: Compaction and Mechanical Properties of Metallic Glass, Metal Science 14 (1980) 215–220
165 R.Glocker: Materialprüfung mit Röntgenstrahlen, 5.Aufl., Springer-Verlag Berlin, Heidelberg, New York, 1971
166 G.K.Williamson and W.H.Hall: X-Ray Line Broadening from Filed Aluminum and Wolfram, Acta Met. 1 (1953), 22
167 B.E.Warren and B.L.Averbach: Imperfections in Nearly Perfect Crystals, John Wiley, New York 1952
168 E.Macherauch: Acta. Phys. Austr. 18 (1964), 364
169 R.Prümmer and G.Ziegler: Influence of Pressure During Explosive Compaction on Micro-Structure of Molybdenum, Tungsten, Titanium and Alumina, Proc. 7th HERF Conference, Leeds, 1981
170 E.A.Faulkner: Calculation of Stored Energy From Broadening of X-Ray Diffraction Lines, Phil. Mag. 5 (1960), 519–521
171 D.C.Gillies and D.Lewis: Strain in Metal Carbides, J.Less Common Metals 13 (1967), 179
172 O.P.Agnihotry: Results of Analysis and Line Breadth Measurements of Molybdenum Filings, Phil.Mag. 8 (1963), 741
173 E.F.Smithlov, G.W.Davidov, L.E.Daphus and E.P.Alebastrova: „Untersuchung der Struktur von Nickelpulver nach Stoßwellenbehandlung“, J. appl. Cryst. 7 (1974), 608–610
174 P.M.Rao and T.R.Anantharaman: X-Ray Line Breadth Analysis of Deformed Metallic Structures, Z. Metallkunde 54 (1963), 658
175 K.Y.Kim, A.D.Batchelor, K.L.More, and H.Palmour III: Rate Controlled Sintering of Explosively Shock-Conditioned Alumina Powders, 19th. Univ. Conf. Emergent Process Methods for High Technology Ceramics, Raleigh N.C., USA,1982
176 A.Sawaoka, K.Kondo, and T.Akashi: Effects of Shock Compression on α-Al_2O_3 and MgO-Powders, Report of the Research Lab. of Engineering Materials, Tokyo Institute of Technology 4 (1979)
177 B.Morosin and R.A.Graham: X-Ray Diffraction Line Broadening Studies on Shock Loaded TiO_2 and Al_2O_3, APS-Conference, Interaction of Shock Waves with Condensed Matter, Santa Fe, N.M. (1983); siehe auch Mat.Sci.and Engineering 66 (1984), 73–87
178 O.R.Bergmann and J.Barrington: Effect of Explosive Shock Waves on Ceramic Powders, J. Am. Ceram. Soc. 49 (1966), 502–507
179 R.W.Heckel and J.L.Youngblood: X-Ray Line Broadening Study of Explosively Shocked MgO- and α-Al_2O_3-Powders, J. Am. Cer. Soc. 51 (1968), 398–401
180 M.J.Klein and P.S.Rudman: X-Ray Broadening in Explosively Shocked MgO, Phil. Mag. 14 (1966), 1199–1206
181 D.L.Hankey, R.A.Graham, W.F.Hammetters and B.Morosin: Shock Induced Reactivity Enhancement of ZrO_2-Powders, J. Mat. Sci. Letters 1 (1982), 445–447
182 H.Palmour III, et al.: Effect of Dynamic and Isostatic Compaction on the Microstructure and Mechanical Behavior of AlN, TiB_2 and TiC, APS-Conf. Interaction of Shock Waves with Condensed Matter, Santa Fe, N.M. (1983)
183 S.Sawaoka, S.Soga and K.Kondo: Effect of Shock Treatment on TiN-Powder, J. Mat. Sci. Letters 1 (1982), 347–348
184 H.Palmour III, et al.: Influence of Dynamic Pressure on Sinterability of Shock-Conditioned TiC-Powders, APS Conf. Interaction of Shock Waves with Condensed Matter, Santa Fe, N:M., (1983)
185 M.Akashi et al.: Effect of Dynamic and Isostatic Compaction on the Microstructure and Mechanical Behavior of AlN, TiB_2 and TiC, ibid
186 H.Schneider, A.Majdic, and H.Werner: Effect of Shock Waves on Mullite Powders, Ceramics International 8 (1982), 79–80
187 P.O.Snell and L.E.Larsson: The Structure of Titanium Carbide Powders Examined by X-Ray Diffraction Techniques, Jernkont. Ann. 154 (1970), 313
188 M.J.Carr and E.K.Beauchamp: Transmission Electron Microscopical Characterization of Hot Pressed Shocked and Unshocked Aluminum Nitride Powder, APS-Conf. Interaction of Shocke Waves with Condensed Matter, Santa Fe, NM (1983)

189 E.K.Beauchamp, R.A.Graham and M.J.Carr: Densification of Shock Treated Aluminum Nitride and Aluminum Oxide, APS-Conf. Interaction of Shock Waves with Condensed Matter, Santa Fe, NM (1983)

190 G.A. Adadurov, O.N. Breusov, A.N.Dremin and V.F.Tatsil: Effect of Shock Waves on Refractory Compounds, Poroshkaya Metallurgija 11 (1971), 7–9

191 Y.Horiguchi and Y.Nomura: Activation of Acetylene Black by Explosive Shock, Kogyo Kagaku Zassi 68 (1965), 910–914

192 S.S.Batsanov et al.: Kinetics and Catalysts 8 (1967), 1140–48

193 J.Golden, F.Williams, B.Morosin, E.L.Venturini and R.A.Graham: Catalytic Activity of Shock Loaded TiO_2-Powder, Proc. AIP Conf.:Shock Waves in Condensed Matter-1981, Am. Inst. of Phys., New York (1982), 72–80

194 Y.Kimura: Formation of Zinc Ferrite by Explosive Compression, Japan J. of Appl.Phys. 2 (1963), 312

195 Y.Horiguchi and Y.Nomura: Explosive Synthesis of Titanium Carbide by Contact Technique, Bull. Chem. Soc. Japan 36 (1963), 486–496

196 Y.Horiguchi and Y.Nomura: The Formation of Tungsten and Aluminum Carbides by Explosive Shock, J.Less Common Metals 11 (1966), 378–380

197 A.Deribas, N.Dobretsov, V.Kudinov, V.Mali, A.Serebrajakov, and A.Staver: Shock Wave Compression of Some Inorganic Composites, Proc. Symp. Behavior of Dense Media under High Dynamic Pressures, Paris 1967

198 Y.Horiguchi, Y.Nomura, and S.Katajamai: Effect of Pre-Shock Treatment on Synthesis of Titanium- and Tungsten Carbides, Kogyo Kogaku Zassi 69 (1966), 1007–1010

199 S.S.Batsanov: Synthesis under Shock Wave Pressures, in: Preparative Methods in Solid State Chemistry, Academic Press Inc., New York, London (1972), 133–146

200 S.S.Batsanov and E.S.Zolotova: Shock Synthesis of Chromium (II) Chalcogenides, Dokl. Akad. Nauk SSR 180 (1968), 93

201 S.S.Batsanov et al.: Impact Synthesis of TiN Chalcogenides, Dokl. Akad. Nauk SSR 185 (1969), 330–331

202 S.S.Batsanov et al.: Wirkung einer Explosion auf Materie: Bildung von festen Lösungen von Rubidium- und Cäsium Chloriden, Fiz. Gorenija i Vzryva 5 (1969), 282

203 G.Otto, O.Y.Reece and U.Roy: Synthesis of Nb_3Sn by Shock Waves, Appl.Phys. Letters 18 (1971), 418

204 I.M.Barski, V.V.Dikovskii und A.I.Matytsin: Shock Synthesis of Superconducting Intermetallic Compounds, Fiz. Gorenija i Vzryva 8 (1972), 474

205 V.M.Pan, et al.: A New High-Temperature Superconductor Nb_3Si, JETP Lett. 21 (1975), No.8, 228

206 D.D.Hughes and V.D.Linse: Formation of Superconducting Nb_3Si by Explosive Compression, J.Appl. Phys. 50 (1979), 3500

207 A.A.Deribas and A.M.Staver: Shock Compression of $TiO_2 + BaCO_3$ Powder Mixture, Fiz. Gorenija i Vzryva, 6 (1970), 122–123

208 A.A.Deribas, M.A.Mogilevski und E.Sch.Tschagelischvili: Besonderheiten der Verfestigung der Metallkeramischen Legierung WC-Co durch ebene Stoßwellen, Fiz. Gorenija i Vzryva 9 (1975), 754–758

209 S.S.Batsanov: Wirkung einer Explosion auf Materie: Kristallographische Gesichtspunkte der Phasenumwandlung von Bornitrid, J.Struct. Chim. 11 (1970), 156

210 R.H.Christian: The Equation of State of the Alkali Halides at High Presssures , Thesis, UCRL-4900 (1959)

211 K.Tsukuma, M.Shimada, and M.Koizumi: Thermal Conductivity and Microhardness of Si_3N_4 with and without Additives, Ceramic Bulletin 60 (1981) 9, 910–912

212 K.Takatori, M.Shimada, and M.Koizumi: Densification and Phase Transformation of Si_3N_4 by High Pressure Hot Pressing, Yogyo-Kyokai-Shi 89 (1981) 4, 197–204

213 T.Yamada, M.Shimada, and M.Koizumi: Densification of Si_3N_4 by High Pressure Hot Pressing, Ceramic Bulletin 60 (1981), 12, 1281–1288

214 M.Mitomo and N.Setaka: Consolidation of Si_3N_4 by Shock Compression, J.Mat. Science 16 (1981), Letters, 851–851

215 G.E.Duvall and R.A.Graham: Phase Transitions under Shock-Wave Loading , Reviews of Modern Physics, Vol.49, No.3 (1977), 523–579

216 P.S.De Carli and C.J.Jamieson: Formation of Diamond by Explosive Shock, Science 133 (1961), 1821

217 P.S.De Carli: Shock Wave Synthesis of High Pressure Phases, in: Science and Technology of Industrial Diamonds, ed. by J.Burls, Industrial Diamond Inf. Bureau, London, 1967, S. 49–64

218 P.S.De Carli:Method of Making Diamond, US Patent 3.238.019 (1966)

219 K.Kiyota et al.: Synthesis of Artificial Diamond by Using Munroe Effect, J.Ind. Expl. Soc. 37 (1967), 152–157

220 G.R.Cowan, A.H.Holtzmann et al.: Verfahren zur Herstellung synthetischer Diamanten, Pat. Schr. 1 567 764

221 R.E.Hanneman, H.M.Strong and F.P.Bundy: Synthetic Diamond, Science 155 (1967), 995

222 N.Setaka and Y.J.Schikawa: Diamond Synthesis from Carbon Precursor by Explosive Shock Compression, J.Mat.Scie. 16 (1981), Letters, 1728–1730

223 A.S.Balchan and G.R.Cowan: Shock Bonding of Hard Particles, US Pat. 3 851 027

224 C.Cline: pers. Mitt, 1984

225 L.V.Altshuler: Use of Shockwaves in High Speed Pressure Physics, Usp. Fiz. Nauk. 85 (1965), 197–258

226 G.A.Adadurov, Z.G.Aliez et al.: Formation of a Wurtzite-like Modification of Boron Nitride in Shock Compression, Dokl. Akad. Nauk SSR 172 (1967), 1066

227 R.Johnson and A.C.Mitchell: First X-Ray Diffraction Evidence for a Phase Transition During Shock Wave Compression , Phys. Rev. Letters 29 (1972), 1361

228 I.N.Dulin, L.V.Altshuler et al.: Phasenumwandlungen in Bornitrid bei dynamischer Kompression, Fiz. Tverd. Tela 11 (1969), 1262

229 N.L.Coleburn and J.V.Forbes: Irreversible Transformation of Hexagonal Boron Nitride by Shock Compression, J. Chem. Phys. 48 (1968), 555

230 S.S.Batsanov and L.R.Batsanova: Effect of Explosions on Matter: Formation of Dense Modifications of Boron Nitride, Zh. Strukt. Chim. 9 (1968), 1024

231 L.F.Vereschtagin et al.: Verfahren zur Herstellung von polykristallinem kubischen Bornitrid, Pat. 2 235 240 (1972)

232 A.N.Driomin et al.: Verfahren zur Herstellung von wurtzitähnlichem Bornitrid, Pat. 2 219 394 (1972)

233 G.H.Zhdanovich et al.: Method of Obtaining Diamond and/or Diamond-like Modifications of Boron-Nitride, UK-Pat. 2 090 239 (1980)

234 G.H.Zhdanovich et al.: Process for Producing Polycrystals of Cubic Boron Nitride, U.K. Pat. 4.361.453 (1982)

235 R.Prümmer: Hochschmelzende Metallpulver durch Explosivdruck bearbeiten, Europa Industrie Revue 1 (1975), 23–25; Maschinenmarkt 80 (1974), 2040–2042

236 J.Boginski: Neue Entwicklungsrichtungen des Impulspressens von Pulvern, Planseeberichte für Pulvermetallurgie 17 (1969), 225–236

237 V.G.Gorobtsov and O.V.Roman: Hot Explosive Pressing of Powder Materials, PMI-Bericht, Minsk/ USSR (1975)

238 O.Wessel: Das Walzen von Metallpulvern zu Bändern, in: Neue Verfahren der Massivumformung, ed. R.Kopp (1983), Deutsche Gesellschaft für Metallkunde, 137–150

239 H.Bumm und H.Weimar: pers. Mitt. 1973

240 H.Wolf und G.Pfrötschner: Die Nutzung von Hochgeschwindigkeits-Bearbeitungs-Methoden zum Verdichten von Pulvern, Neue Hütte 25 (1980), 248–250

241 A.P.Bogdanov, A.S.Lazarev, E.V.Roman, and Y.Ya.Furs: Compression of Metal Powders by Flat High Explosive Charges, Sovj. Powder Metallurgy 12 (1973), 534–546, 880–882

Sachverzeichnis

WFT
Werkstoff-Forschung und - Technik

Herausgeber: **B. Ilschner**

Band 2

M. Schlimmer

Zeitabhängiges mechanisches Werkstoffverhalten

Grundlagen, Experimente, Rechenverfahren für die Praxis

1984. 112 Abbildungen. XI, 283 Seiten. Broschiert DM 74,–
ISBN 3-540-13648-7

Inhaltsübersicht: Einleitung. – Formulierung des mechanischen Werkstoffverhaltens bei einachsiger Beanspruchung: Einachsige Grundversuche. Zugversuch. Kriechversuch. Spannungsrelaxationsversuch. Mechanische Zustandsgleichung. Zeitlich veränderliche Beanspruchung. – Formulierung des mechanischen Werkstoffverhaltens bei mehrachsiger Beanspruchung: Grundversuche mit überlagertem hydrostatischen Druck. Isotrope Spannung – Verformung – Beziehung. Plastisches Potential und Fließbedingung bei Anisotropie. Plastisches Potential und Fließbedingung bei Isotropie. Plastische Verformungsgeschwindigkeiten. Zeitabhängige Spannung – Verformung – Beziehung. – Anhang. – Schrifttumsverzeichnis. – Sachwortverzeichnis.

Band 1

E. Sommer

Bruchmechanische Bewertung von Oberflächenrissen

Grundlagen, Experimente, Anwendungen

1984. 81 Abbildungen. XIII, 176 Seiten. Broschiert DM 84,–
ISBN 3-540-13422-0

Inhaltsübersicht: Einleitung. – Bereitstellung charakteristischer mechanischer Größen. – Experimentelle Überprüfung. – Bewertung der von Oberflächenrissen ausgehenden Gefährdung. – Zusammenfassung. – Sachverzeichnis.

Springer-Verlag
Berlin Heidelberg New York
London Paris Tokyo

Springer